同济大学极地与海洋国际问题研究中心
极地研究翻译丛书/王传兴　主编

南极科学研究：变化与趋势

CHANGING TRENDS IN ANTARCTIC RESEARCH

［瑞典］安特·埃尔辛加　主编

潘　敏　等译

U0333156

海洋出版社

2023 年 · 北京

图书在版编目（CIP）数据

南极科学研究：变化与趋势/（瑞）安特·埃尔辛加主编；潘敏等译. —北京：海洋出版社，2021. 12
书名原文：Changing Trends in Antarctic Research
ISBN 978-7-5210-0881-4

Ⅰ.①南… Ⅱ.①安… ②潘… Ⅲ.①南极-科学考察-工作-研究 Ⅳ.①N816.61

中国版本图书馆 CIP 数据核字（2021）第 271642 号

图字：01-2023-0660

责任编辑：杨传霞 赵 娟
责任印制：安 淼

海洋出版社 出版发行

http：//www.oceanpress.com.cn
北京市海淀区大慧寺路 8 号 邮编：100081
鸿博昊天科技有限公司印刷 新华书店发行所经销
2021 年 12 月第 1 版 2023 年 1 月北京第 1 次印刷
开本：787mm×1092mm 1/16 印张：9.25
字数：180 千字 定价：98.00 元
发行部：010-62100090 总编室：010-62100034
海洋版图书印、装错误可随时退换

同济大学极地与海洋国际问题研究中心 "极地研究翻译丛书"序

在过去的十多年里，中国的极地国际问题研究发展可谓方兴未艾。而促成中国极地国际问题研究的蓬勃发展，则是由多重因素"化合"而成的结果。在这些因素中，我们首先想到的是全球气候变暖所导致的极地地区自然环境变化，由此带来了一系列的极地环境安全挑战。如果说评估这些极地环境安全挑战及其影响更多的是一个科学问题的话，那么如何应对这些日益严峻的极地安全挑战，则无疑更多的是一个政治问题。一时间，极地国际问题研究已成为国际问题研究中的"显学"。相较于"极地国家"，甚至某些非极地国家来说，虽然中国极地国际问题研究慢了不止半拍，但毕竟正在迎头赶上。

促成极地国际问题研究过去十多年来在中国蓬勃发展的第二个"化合"因素，是极地社会环境的变化。当然，作为全球社会环境的一个组成部分，极地社会环境的变化，乃是过去三十多年来全球社会环境变化在极地地区的反映。一方面，冷战结束以来的极地社会环境变化，或者说全球社会环境变化的基本根源，乃是因为国际政治已经或正在从国家间政治向全球政治演进。由此，极地治理的参与呈现出不局限于主权国家的多层次、多主体特点，并且所涉及的领域得以大大拓宽。另一方面，自进入 21 世纪的第二个十年，尤其是第二个十年后半期以来，全球金融危机爆发影响发酵，随之而来的是民族主义回潮、民粹主义盛行、地缘政治和大国竞争回归；这一系列事件开始使得包括极地社会环境在内的全球社会环境开始逆转，从而不仅极大地削弱着极地治理的多层次、多主体参与特点，而且使得极地国际政治大有退回到冷战时期仅限于政治和安全领域中的态势。但是，即便如此，中国的极地国际问题研究也不会更不应随之发生倒退。

第三个促成极地国际问题研究过去十多年来在中国蓬勃发展的"化合"因素，要从中国自己身上去寻找。经过四十多年的改革开放，中国的社会、政治和经济发生了巨大变化，中国对外战略随之发生调整。尤其是在过去的十多年里，中国对外战略的调整幅度实在令世人瞩目！极地国际问题研究过去十多年在中国的蓬勃发展，既是对中国对外战略调整的积极回应，又是中国对外战略调整的逻辑结果。

此外，促成极地国际问题研究过去十多年来在中国蓬勃发展一个不可或缺的"化合"因素，是中国极地国际问题研究知识共同体的形成。可喜的是，日益壮大的中国极地国际问题研究知识共同体，其成员并不完全是"纯粹"的国际问题研究专家。这些共同体成员或者分布于自然科学和社会科学的各种学科门类，或者"根植"于产、学、研和政策制定等部门，乃至民间社会组织之中。这种现象折射的是极地问题本身呈现出的多样性和复杂特性特点。

同济大学极地与海洋国际问题研究中心的研究人员，有幸成为中国极地国际问题研究知识共同体的成员。本着为这一知识共同体做出自己贡献的愿望，尤其是在当前全球社会环境发生巨变的背景下，同济大学极地与海洋国际问题研究中心的研究人员不曾懈怠，一直积极地开展极地国际问题研究工作，并在同济大学极地与海洋国际问题研究中心"极地研究翻译丛书"已出版前三辑的基础上，继续推出"极地研究翻译丛书"新成果。我们期待同济大学极地与海洋国际问题研究中心的这套"极地研究翻译丛书"，能够为中国极地国际问题研究知识共同体的发展尽一份绵薄之力，起到添砖加瓦的作用。对于丛书的各位译者来说，这是最高的奖励和无上的荣誉！

王传兴

2022 年 12 月

序　言

　　本书的核心内容是 1991 年秋在哥德堡大学（the University of Goteborg）举办的学术研讨会的报告。这份报告涉及科学与政治的相互作用以及这种相互作用如何影响研究议程的。研究报告的重点是关于南极洲的极地研究。在过去几年里，南极洲一直处于新闻媒体的风口浪尖。

　　非常感谢这次研讨会上发言的各位学者。他们都参与和献身于国际极地研究事业，参与和献身于保护南极洲的科学和美学价值的事业。在我看来，这样一个杰出的团体愿意来哥德堡，本身证明了此次会议主题的重要性和时效性，也证明了这一领域的认识论问题和政策问题的关联性。每位发言人和作者的介绍将放在后文的相关章节中。

　　我对南极洲的兴趣源于斯德哥尔摩皇家科学院（the Royal Academy of Science）瑞典极地研究秘书处（the Swedish Polar Research Secretariate）主任安德斯·卡尔维斯特（Anders Karlqvist）的讨论。在 20 世纪 80 年代初，安德斯和我在隆德政策研究所（the Research Policy Institute in Lund）的"技术与文化项目"中进行过合作。当时他在瑞典规划与研究协调委员会（the Swedish Council for Planning and Coordination of Research）工作，这个委员会下设的"面向未来研究委员会"（Committee for Future Oriented Research），由托尔斯滕·哈格斯特兰（Torsten Hagerstrand）领导。在这里，我们进行了很多关于科学学科作为文化形式和生活方式的讨论。大约在同一时间，社会学家和民族学家出版了许多有关实验室科学家的部落生活和部落实践的书。我们发现，在这些作品中，政策层面常常被过于贫乏地对待。这些比较新的文献主要优点是专注于研究实践，而传统的科学哲学家往往忽略了这一点。在哥德堡，技术与文化项目通过强调政治和科学认识论，使目前的方法得以具体化。

　　瑞典政府在南极洲建立了一个科考站，斯德哥尔摩极地研究秘书处是这一工作的组成部分。安德斯加入这个新机构后，对科学的历史和政策层面产生了兴趣。将政治学、历史学、科学理论以及科学政策等方面的研究取长补短，融合在一起，对于极地研究具有重要的意义。秘书处收集的书籍和文献对这些领域的研究人员来说是无价之宝，非常有用，我希望它能继续发扬光大。

　　感谢秘书处信息中心的玛丽卡·隆恩罗斯·卡尔森（Marika Lonnroth Carlsson）干事给予我的各方面协助。此外，我想对安德斯·卡尔维斯特和秘书处的其他同事

1

表示由衷的感谢，感谢多年来在极地研究过程中与他们诸多令人兴奋的交流和讨论。对我来说，秘书处也是我与从事极地工作的研究人员进行联系的重要场所，他们来自各个不同的自然科学学科。在工作过程中，我参加了各种会议，从吕勒奥到奥斯陆（南森研究所）、费尔班克斯（全球变化的极地地区）、布鲁塞尔、不来梅（南极科学研究委员会）、日内瓦，以及从北极凯旋的奥登二世（Oden II）破冰船上的鸡尾酒会、戈特尔夫·汉佩（Gotthilf Hempel）和阿尔弗雷德·韦格纳研究所（Alfred-Wegener Institute）在不来梅码头的仓库中令人难忘的招待会。我还受益于对许多国家科学家的访谈，包括巴西和日本，在日本的十天里，我受到了日本极地研究所工作人员的热情款待，在此表示感谢。

哥德堡的研讨会来自一个南极项目，项目名称为"南极作为一种自然资源和研究对象"，瑞典规划与研究协调委员会根据其对布伦特兰委员会（the Brundtland Commission）任务承诺提供了研讨会的资金。乌诺·斯万丁（Uno Svedin）一直是委员会的推动力量，他与布里特·哈格霍尔·安尼森（Britt Hagerhall Aniansson）一起合编了一卷，名为《社会与环境：瑞典视角》（1992年）。这份报告正好于1992年6月里约联合国环境会议之前出版，作为瑞典对我们星球可持续发展讨论的贡献。我的"南极洲项目"的一些研究结果也在一章中予以介绍。更多成果可以在伊丽莎白·克劳福德（Elisabeth Crawford）、特里·辛（Terry Shinn）和斯沃克·索林（Sverker Sorlin）1992年编辑的《科学社会学年鉴》（Kluwer）的一章中找到。这卷报告的主题是科学的国际化和全球化。1989年9月，荷兰皇家科学院组织了一次学术研讨会，对南极这一大科学形式的研究主题做了进一步探讨（参见 cf E. K. Hicks and W. van Rossum eds. *Policy Development and Big Science*, North Holland Publ. 1991）。

在同一个瑞典规划与研究协调委员会的项目中，我开始研究不同国家运用科学证明其在南极洲存在的概况。这项研究的成果将用瑞典语刊登在哥德堡大学科学理论系的系列报告中。这是丽丝贝丝·约翰逊（Lisbeth Johnsson）（政治学系）和我合作的成果。丽丝贝丝还充分发挥了她的组织才能，协助举办了这次研讨会。对于两个方面的帮助，向她表达深深的谢意。

感谢我系的英格玛·波林（Ingemar Bohlin）提出建设性意见，并为研讨会的设计出谋划策。我和他在早期的一个项目中就有关科学的政治和认识论问题进行了合作，除其他事项外，我们还联合发表了论文——"极地地区的科学政治"（*Amtno vol* XVIII, No. 1, 1989, pp. 71-76）。现在，我们能够利用斯堪的纳维亚的科学家的联系网络，这个网络是他从科学理论与研究的视角审视瑞典极地研究的过程中发展起来的（参考：Ingemar Bohlin, *Om polatforskning*, rapport nr. 167 in series 1, Inst, for vetenskapsteori, Goteborgs universitet, 10 sept 1991）。

《人类环境杂志》（Ambio）的文章经过修改和更新后，作为本卷的第一章，再次刊登出来，这篇文章提供了一些背景信息，这些信息将帮助读者更轻松地掌握研讨会上的讨论语境。感谢《人类环境杂志》的编辑允许我以目前这样的形式转载该文章。这一期的《人类环境杂志》是关于极地研究的专刊，应整期阅读。

本书的最后一章由丽塔·R. 科威尔（Rita R. Colwell）撰写。科威尔主持了由国际科学联合会理事会任命的国际五人小组会议，以审查南极科学研究委员会。这份审查文件已于 1992 年 11 月上旬提交给在耶路撒冷召开的国际科学联合会理事会会议。此处出现的一章是基于那份文件中的概述。本书之所以收录这一章有两个原因。首先，作为国际审查小组的成员之一，我参与了原始报告的制定。其次，审查文件从几个方面适当地补充了本次专题研讨会的讨论。我很高兴有机会在这里发表这些观点，并感谢科威尔教授愿意为本书撰写这特别的一章，并向小组的其他成员表示感谢，感谢他们对原始报告的投入，感谢国际科学联合会理事会允许使用该报告的内容作为本书这章的基础。值得注意的是，科威尔博士是美国极地研究委员会的现任副主席。

最后，要感谢科学理论系的安德斯·阿尔维斯（Anders Alvers）的不懈努力，以及他一直乐意处理那些为出版而需要制作此书照相稿（to produce a camera ready copy）的项目。

书中还收集了四篇论文，因为这些论文已经达到了发表的水平，对此我向作者表示感谢。此外，在论文集每篇论文前面有个方框，是介绍本部分发言者的详细信息。贾尔·奥夫·斯特伦伯格（Jarl Ove Stromberg）的笔记值得一提，因为它们有助于引导我们在极地研究领域穿越欧洲人首字母缩略语的丛林。为了避免重复，没有把他的笔记放在第六部分，而是放在了总结部分。

将论文演讲的完整记录放在一起是不可能的。但是，由于所涉及主题的重要性以及不断提出的请求，我们决定以此处这种形式出版本缩略版。

为了向读者介绍与会者，附录 1 中包含了研讨会参加者的名单；如前文所述，本书每一章更详细地陆续介绍每位发言者。

我以大会报告起草人的身份来选择和组织当前形式的讨论。每篇文章的子标题被用来表示各章的要点和问题。在此过程中可能会有一些错误，这不能归因于发言者，由我自负，在阅读笔记（没有使用录音机）重构研讨会的过程中办是如此，如有错误，那在于我，而不是发言者。在整理 1991 年秋季那两天会议的笔记过程中，我经常发现新视角和新问题。希望这里最终呈现的小书中能传达出这次探索之旅。

安特·埃尔辛加

1993 年 1 月于哥德堡

中译本导读

　　本书是 1991 年举行的一次学术会议的成果结晶，会议的名称是"变化中的南极研究趋势"，主题是讨论南极地区的科学研究与政治之间的相互作用，以及这种相互作用是如何影响南极研究议程的。科学与政治的关系是个莫衷一是、没有固定答案的问题，有人说科学与政治唇齿相依，相互促进；也有人说，科学应当保持中立，一旦受到政治的干扰，就会偏离轨道，错失研究良机。本书以南极地区的科学研究为例来探讨科学与政治的关系问题。

　　本书总共六个部分，第一部分主要按时间梳理南极科学活动的国际政治和南极政治的背景；第二部分讨论科学在南极条约体系中的功能性作用；第三部分主要讨论南极科学研究委员会的地位式微，政府间国际组织在南极科学活动中的地位提高；第四部分为 20 世纪 90 年代南极研究议题的环境方向转变；第五部分主要讨论和总结前四部分的观点；第六部分是几篇会议论文，其作者已经在会议的发言中表述过自己的观点。因此，为了避免重复，笔者重点围绕三个问题来写中文导读：南极科学研究的国际政治和南极政治背景；按时间顺序梳理南极研究的制度性动因；南极科学研究委员会是如何处理科学与政治二者之间的关系的。在讨论这三个问题时，不止于 1991 年，而是结合这次会议之后南极科学三十年的发展，来讨论当时会议发言者的观点。

一、南极科学研究的国际政治和南极政治背景

　　南极大陆是伴随着资本主义的全球扩张而被发现的，但 18—19 世纪的早期探险，由于受到交通工具的限制，探险家主要在南极大陆周围的水域和岛屿进行考察。进入 20 世纪，围绕南极领土主权和资源开发等问题，国与国之间开展了激烈的争夺，到 20 世纪 40 年代末，七国对南极大陆 83% 的土地提出了领土主权要求。政治紧张在 20 世纪 50 年代达到高潮，冷战和南极领土申索国家之间的冲突，有可能使这片大陆置于战争的危险状态。《南极条约》的签署，降低了战争的风险，标志着南极大陆也因应了战后的国际政治格局，南极洲上"热战"转向了以科考为核心的冷战态势。

　　进入 20 世纪 70 年代，全球能源危机引发了石油公司对南极海岸线的石化和矿产资源的勘探，并得出了南极是世界资源最后"宝库"的结论。由此也产生了南极

条约成员国之间关于资源利用和保护之间的分歧和博弈，澳大利亚、新西兰、智利等国主张保护，美国、日本、英国、法国等主张利用。这种分歧和博弈，加上第三世界国家和环境非政府组织加入南极舞台，使南极洲在 20 世纪 80 年代处于国际政治的风口浪尖上。

1982 年《联合国海洋法公约》的通过和南极大量资源的发现，导致了国际政治中的第三世界国家和非政府组织发起了将南极洲置于联合国管辖下的运动，尽管这一运动最终偃旗息鼓，没有取得成功，但南极条约成员国得到了巨大的扩容，南极条约体系在外部压力下逐步向国际社会开放。从 20 世纪 70 年代末到 90 年代，资源利用和环境保护的博弈最终导致《南极矿产资源活动公约》的没有生效和 1991 年《南极条约环境保护议定书》的出台，之后南极地区进入环境保护时代。科学不再是南极条约体系框架内的关键因素，建立科考站甚至都不再是进入南极协商会议或南极科学研究委员会的第一要素。进入 21 世纪，随着全球气候变化，两极地区的环境议题获得了更加突出的地位。当下南极各议题的政治化趋势进一步加剧。领土主权问题从未真正得到解决，各协商国正以申请陆地与海洋南极保护区的形式，进行"圈地"和加强实质性存在。同时，更广泛的国际政治局势也在影响南极事务。美国以及领土主权要求国与中俄逐渐形成对峙，各国之间的博弈明显加剧。

技术发展作为当下国际政治的重要变量同样对南极科学研究产生重要影响。新技术对人类认识利用南极举足轻重。"虽然技术进步本身是科学研究的产物和机遇，但却已经反过来既对科学又对经济发展前景和环境伦理具有影响力"。在 20 世纪之前，由于考察工具的滞后，人类对南极的认识仅限于南极洲容易接近的边缘地区，因此出现在南极地区的主要是探险家和捕捞海豹和鲸鱼的船队。"二战"之后，这一情况得以改观，飞机和破冰船的出现为人类全面深入认识南极提供了条件，大批科学家开始陆续进入南极大陆。① 交通工具的改善只是其中一个小的方面，现在电子传感器、卫星、计算机模拟、用于地质目的的深海钻探、新的海洋设备和极地研究工作船、电子通信、人工智能等等，大大推动科学向前发展。

二、南极科学研究的制度性动因

在梳理这个问题之前，先对制度性动因概念进行解释。本书提出了一个与"个人动因"相对应的"制度性动因"这个概念。"个人动因"是指科学研究是在个人好奇心、兴趣的驱动下激发的，这是一种内在的动因，受政治因素干扰较少。"制度性动因"是在国家经济、政治、军事、国家声望或权力的兴趣的激励下所产生的研究，与政治紧密联系。由于特殊的地理环境，尽管有大量的科学家和探险家个人

---

① 郭培清，石伟华. 试析南极科学与南极政治的关系. 中国海洋大学学报（社会科学版），2009 年第 6 期。

投身极地事业甚至献出生命，但个人动因一直没有成为极地科学研究的驱动力。制度性动因是极地科学研究的主要驱动力。因此，科学与政治的关系在极地领域比在其他领域更加复杂。作者考察了南极科学研究的六种制度性动因：基础研究动因、政治动因、经济动因（自然资源和技术发展）、军事动因、管辖权/行政管理动因以及环境动因。

在18世纪人类发现南极大陆及其周边海域到20世纪初，自然资源的收获获得的利润是南极洲特别是南大洋人类活动的主要推动力。在18—19世纪末的南极探险历史中，获取海豹、鲸等自然资源的经济利益，是早期人类活动的主要驱动力。20世纪第一个十年之初，南极"英雄时代"探险队进行了科学研究和/或收集了科学数据，但在大多数情况下，科学并不是主要目的。"英雄时代"的探险活动主要是由民族自豪感、地缘政治利益或个人获得地理"第一"成就推动的。

20世纪前半叶，南极洲科学活动主要是在领土主权要求的政治驱动下进行的。在南极地区，没有科学知识的支撑，寸步难行，所有的南极活动都要建立在科学研究的基础上。当时，各国南极科学知识严重缺乏，最为突出的表现是，美国作为自1948年以来南极参与国中实力最强的国家，也因对南极了解不足而影响政策制定。[1]从1948年到1959年，美国一直计划寻找合适时机提出南极主权要求，但其政策摇摆不定导致无法及时推出有效的南极制度，主要原因就是当时美国有关南极的知识有限，无法确定选择哪个区域来进行领土主权声索最符合美国的国家利益。[2]美国政府先后主导了代号为"跳高行动""风车行动""深冻行动Ⅰ""深冻行动Ⅱ"的南极科学考察和探险活动。[3]苏联在南极的科学考察活动也显著增加，建立了永久性考察站，并组建南极考察队。1957—1958年的国际地球物理年、1959年《南极条约》的签署以及1961年条约的生效，极大地改变了各国投资南极科学事业的方式。地缘政治的目的和领土主张刺激了南极地区超过预期科学回报的研究经费。在某些情况下，科学是事后的想法，经常被用来实现地缘政治的目的和目标。[4]

科学和科学家在《南极条约》的谈判过程中居功至伟，科学是该条约成为可能的关键性因素，[5]没有科学家在谈判过程中的据理力争，《南极条约》的禁止军事活动条款可能就不会写进条约中。从《南极条约》签署后，南极领土主权冻结，科学研究获得了"作为政治资本的象征性价值"，科学考察和研究是当时各国在南极的

① 王婉潞. 南极治理机制研究. 复旦大学，2017年。

② NSC5528，"National Security Council Report"，December 12，1955.

③ 潘敏. 论美国的南极战略与政策取向. 学术前沿，2017年第19期。

④ What Antarctic Science is Funded by National Antarctic Programs? 南极科学研究委员会官网，https://scar.org/library/scar-publications/horizon-scan/3349-int-planning-for-antsci/.

⑤ 《南极科学》也谈到了这个观点。DWH·沃尔顿，陶丽娜等译，南极科学，海洋出版社，1992年，第228页。

主要活动方式，但科学活动的动因仍然是政治目标驱动的。基于"有效占领"原则，领土主权要求国可以通过科学活动来增强自己的"南极存在"，通过命名和绘制南极地图、地质调查等手段来宣示对南极地区的主权。对于领土主权要求不确定的国家来说，科学是未来提出领土主权要求的重要依据。

从 20 世纪 70 年代开始的全球能源危机，激发了对南极地区资源的关注，南极条约体系的规范由科学研究向资源利用转向，这一阶段的南极地区的科学研究是在资源利用的驱动下进行。1974 年，南极科学研究委员会地质工作组开始收集南极矿产资源方面的资料，科考者在南极陆续发现铁、煤、石油、天然气等矿产资源及潜在资源。南极科学研究委员会的生物资源工作组和地质工作组的研究项目多，会议规模大，研究成果也最多。[①] 南极资源利用的潜力和前景驱动更多国家试图加入南极条约，也使环境非政府组织对南极资源利用产生的环境破坏而担忧，这契合了南极领土主权申索国的意图，二者共同推动南极地区环境保护规范的转向，从 20 世纪 90 年代起，环境保护成为南极活动的驱动因素。南极科学研究渐渐转向以环境保护为主并且一直持续至今，"与环境关注相关的研究则受到有力的鼓励"，"要求科学家准确陈述未来海平面上升的程度，南极冰盖可能融化的速率，或者如果臭氧空洞稳定，其将达到何种程度以及这对人类和动物生命意味着什么，极地大气层和冰冻圈中存在着什么化学物质和其他人造污染物的痕迹"。进入 21 世纪，随着全球气候的变化，南极科学研究进一步环保化政治化，而那些只能在南极地区进行的"大科学"研究逐渐淡出视野。

三、南极科学研究委员会对科学与政治关系的关注

南极科学研究委员会是国际科学联合会理事会下属的国际非政府组织，作为南极条约协商会议的咨询机构，在南极科学研究和南极条约体系中举足轻重。在六十多年的历史中，南极科学研究委员会一直面临如何处理科学与政治二者之间的关系问题。大体分为三个阶段来论述。

第一阶段是自成立至 20 世纪 70 年代末。"二战"后，南极陷入安全困境，[②] 各国在南极领土主权和治理权力问题上的竞争进入白热化阶段，然而，又同时存在抑制冲突进行合作的意愿。1957—1958 年国际地球物理年的成功举办，为化解政治僵局和解决"南极问题"提供了契机。在此背景下，经美国倡议，国际科学联合会理事会邀请了 12 个积极从事南极研究的国家，于 1957 年成立了南极研究特别委员

---

① David W H Walton, Peter D Clarkson and Colin P, Science in the Snow: Sixty years of international collaboration through the Scientific Committee on Antarctic Research, Cambridge, 2018, Chapter 3-4.

② 王婉潞. 联合国与南极条约体系的演进. 中国海洋大学学报（社会科学版），2018 年第 3 期。

会。① 该组织于 1961 年正式更名为南极科学研究委员会。

南极科学研究委员会从一开始就确定了"不问政治"的立场和组织战略。在 1958 年初版组织章程中，南极科学研究委员会就将南极辐合带作为南极地区的总边界，② 特别指出这是由科学特征决定的，与南纬 60 度的政治边界有所区别。设立专家组时也存在保护科学不受政治干扰的考虑。由于专家组的成员由南极科学研究委员会直接任命，通常情况下成员是作为个人专家而不是国家代表，这意味着他们可以在更纯粹的科学基础上表达意见和做出决定，而不必受国家立场的限制。通过宣传不染指政治，南极科学研究委员会的专家角色得到了加强。③ 南极科学研究委员会的这种策略强化了科学权威，使其能在早期南极治理中发挥更大作用。

第二阶段是 20 世纪 70 年代末至 2002 年。随着南极矿产资源成为国际社会关注的焦点议题，越来越多的国家加入南极科学研究委员会。截至 2002 年，南极科学研究委员会的国家成员从 12 个迅速增加至 31 个，且参与人员中政治活动家增多，科学家减少。这对 SCAR 的内部管理造成了冲击，导致 1988 年后勤人员脱离南极科学研究委员会成立了独立的后勤组织，即国家南极局局长理事会（Council of Managers of National Antarctic Programs）。

20 世纪 70 年代末和 80 年代初，为矿产资源管理机制提供建议的要求，引发了南极科学研究委员会内部关于如何处理科学与政治关系的讨论。部分科学家认为，南极科学研究委员会应专注于基础性科学研究，与政治划清界限。然而也有科学家认为，为政治决策提供建议可以保障和提升科学的影响力，政治是南极科学的基础。很多科学家表明了对南极科学研究委员会政治化的担忧。在 1976 年第 14 届南极科学研究委员会会议上，有科学家提出就矿物勘探提供咨询可能对基础性科研产生不利影响。④ 在 1978 年的会议上，虽然提供科学建议的重要性得到认可，但代表们坚决反对就矿产资源管理问题向政府提供建议。⑤ 1981 年，南极科学研究委员会对议事规则进行修订，其中特别声明南极科学研究委员会"应避免参与政治与法律事务，包括制定可利用资源管理措施，除非已接受就相关问题提供建议的邀请"。⑥

① DWH·沃尔顿，陶丽娜，等译. 南极科学. 海洋出版社，1992 年，第 57-58 页。

② SCAR bulletin No. 001, January 1959, SCAR 网站，https：//www. scar. org/scar-library/reports-and-bulletins/scar-bulletins/4195-scar-bulletin-1/file/。

③ Herr, R. 1996. The Changing Role of NGOs in the ATS, Governing the Antarctic-The Effectiveness and Legitimacy of the Antarctic Treaty System, ed. O. S. Stokke and D. Vidas, Cambridge University Press, pp91-110.

④ SCAR 第 56 号公告：第十四届 SCAR 会议，1977 年 5 月，SCAR 网站，https：//www. scar. org/scar-library/reports-and-bulletins/scar-bulletins/2700-scar-bulletin-56/file/，第 190 页。

⑤ SCAR 第 60 号公告：第十五届 SCAR 会议，1978 年 9 月，SCAR 网站，https：//www. scar. org/scar-library/reports-and-bulletins/scar-bulletins/4320-scar-bulletin-60/file/，第 40-41 页。

⑥ National Research Council. Antarctic Treaty System：An Assessment：Proceedings of a Workshop Held at Beardmore South Field Camp, 1986. Washington, The National Academies Press, pp157-158.

1984 年，在第 18 届南极科学研究委员会会议期间，美国代表还批评南极科学研究委员会花费太多时间回答协商国问题。① 然而，这种非政治化的立场没能继续维持。1986 年南极科学研究委员会在南极协商会议中成为正式"观察员"后，应协商国要求，在为政治决策提供建议方面不断增加投入，其科学研究优先事项明显受到外部性目标的影响。

第三阶段是 2002 年至今。面对地位和影响力衰落的情况，1998—2002 年期间，南极科学研究委员会进行了机构重组，这是其历史上的重大转折点。负责科学事务的主要机构发生了巨大变化。改组后的科学组在科学事务上拥有很大权力，在科学机构中处于核心地位。行动组处理需要在短时间内迅速关注的问题。现设的专家组则负责更长期性质问题，② 其职能与改革前完全不同，重要性下降。科学研究计划组代表了南极科学研究委员会所确定的未来南极科研优先事项，拥有最高级别的投入，具有非常重要的地位。科学计划规划组专门负责培育新的科学研究计划。

在科学与政治的问题上，南极科学研究委员会又重新偏向早期立场，将科学研究置于政策咨询之前。2004 年，南极科学研究委员会对组织章程进行修订。在组织"目标"一项中，在向南极条约协商会议提供咨询建议的"建议"前，特别增加"客观的"和"独立的"两个修饰词。③ 科学研究计划聚焦于基础性科学，如南极与全球气候系统、南大洋生态系统、南极冰盖和天文学与天体物理学等。在组织结构上，将科学研究计划调整为科学事务的核心，也反映出南极科学研究委员会独立性的增强。以资金投入为例，根据 2020 年财务报表，科学研究计划的年度预算为 10.5 万美元，在科学活动总预算中占比接近 50%，而负责提供科学咨询的南极条约体系常设委员会，其年度预算为 2 万美元，仅占南极科学研究委员会年度预算的 3%。④

以上就是笔者从这本书读到的一些观点，有些地方也给作者们的观点补上一些论据（尤其是南极科学研究委员会那一段）。正如笔者在一开始指出的那样，这本书是一次会议的成果的结晶，参会者各抒己见，讨论热烈，短短的中文导读，对作者们的观点的梳理难免挂一漏万，留待读者自行品味吧！

潘　敏

2022 年 10 月

① David W H Walton, Peter D Clarkson and Colin P, Science in the Snow: Sixty years of international collaboration through the Scientific Committee on Antarctic Research, Cambridge, 2018, p74.

② Rules of Procedure for SCAR Subsidiary Bodies, May 2018, the Scientific Committee on Antarctic Research, https://www.scar.org/library/governance/5117-rules-subsid-bodies-may18/file/.

③ SCAR 第 28 届代表会议工作文件（WP31），October 2004，SCAR 官网，https://www.scar.org/scar-library/papers/xxviii-scar-delegates-2004-bremerhaven-germany/4936-28-31/file/。

④ SCAR Budget 2020, August 2018, the Scientific Committee on Antarctic Research, https://www.scar.org/finance/budgets/5068-scar-budget-2020/file/.

专用术语

ATCP Antarctic Treaty Consultative Party 南极条约协商国

ATP Antarctic Treaty Parties 南极条约缔约国

AWI Alfred Wegener Institute for Polar and Marine Research 艾尔弗雷德韦格纳极地和海洋研究所

BAS British Antarctic Survey 英国南极调查局

BIOMASS Biological Investigations of Marine Antarctic Systems and Stocks 南极海洋系统及族类的生物调查

BIOTAS Biological Investigations of Terrestial Antarctic Systems 南极陆地系统生物调查

CCAMLR Convention on the Conservation of Antarctic Marine Living Resources 南极海洋生物资源养护公约

CCAS Convention on the Conservation of Antarctic Seals 南极海豹养护公约

CEE Comprehensive Environmental Evolution 环境综合演变

CEC Commission of the European Community 欧洲共同体委员会

CEP Committee on Environmental Protection 环境保护委员会

COMNAP Council of Managers of National Antarctic Programs 南极局局长理事会

CRAMRA Convention on the Regulation of Antarctic Mineral Resource Activities 南极矿产资源管理公约

EC European Community 欧共体

ECOPS European Committee for Ocean and Polar Science 欧洲海洋和极地科学委员会

EEZ Exclusive Economic Zone 专属经济区

ESF European Science Foundation 欧洲科学基金会

GOSEAC Group of Specialists on Environmental Affairs and Conservation 环境事务和保护专家组

IASC International Arctic Science Committee 国际北极科学委员会

ICSU International Council of Scientific Unions 国际科学联合会理事会

IFREPOL Institute Frangais pour la Recherche et la Technologic Polaire 法国极地研究和技术中心

IGBP International Geosphere-Biosphere Programme 国际地圈-生物圈计划

1

IHB International Hydrographic Bureau 国际航道局

IOC Intergovernmental Oceanographic Commission 政府间海洋学委员会

IUCN International Union for Conservation of Nature and Natural Resources 世界自然及自然资源保护联盟

IWC International Whaling Commission 国际捕鲸委员会

JGOFS Joint Global Ocean Flux Study/SCOR & IGBP 全球海洋通量联合研究

PEP Protocol on Environmental Protection 环境保护议定书

SCALOP Standing Committee on Antarctic Logistics and Operations 南极后勤和作业常设委员会

SCAR Scientific Committee on Antarctic Research 南极科学研究委员会

SCOPE Scientific Committee on the Problems of the Environment 环境问题科学委员会

SCOR Scientific Committee on Oceanic Research 海洋科学研究委员会

SO-GLOBEC Southern Ocean-Global Ocean Ecosystems Dynamics Research 南大洋-全球海洋生态系统动力学研究

OS-JGOFS Southern Ocean-Joint Global Ocean Flux Study 南大洋-全球海洋通量联合研究

SOZ Netherlands Marine Research Foundation 荷兰海洋研究基金会

SPA Specially Protected Areas 特别保护区

SSSI Sites of Special Scientific Interest 特别科学兴趣区

SWEDARP Swedish Antarctic Research Programme 瑞典南极研究规划局

TAAF Territoire des Terres Australes et Antarctiques Frangaises 法属南半球和南极领地

UNEP United Nation's Environmental Programme 联合国环境规划署

WMO World Meteorological Organization 世界气象组织

WOCE World Ocean Circulation Experiment / SCOR & IOC 世界海洋环流实验

目　次

第三部分　南极洲的科学是否正面临着官僚主义加剧的前景

第四部分 南极研究议程的定位变化

第五部分 小组讨论和全体会议

第六部分 四篇研讨会论文和一篇评估南极科学研究委员会的报告

导　论

可持续意味着发展但不会影响下一代人的需求。它涉及某种形式的代际公平，或至少有这种思想。这种思想的基础是伦理道德，在手头这个案例中表现为环境伦理道德。

可持续发展

就南极洲而言，可持续性与全球生态安全有关。南极大陆的情况及其许多物理特征，既能提供了解过去世界气候变化的依据，又能提供理解南极影响未来气候系统的基础。此外，它还是监视人为干扰地球环境健康的战略要地。平流层臭氧层的枯竭只是在那里发现的这种干扰的最典型例子。

对下一代人来说，也很重要的是，鱼类仍然存在，磷虾作为复杂生态链底部的重要资源，不能严重枯竭。而且，人们还担心，冰盖可能不稳定，温室效应可能导致冰盖融化，并使地球海平面急剧上升，这将造成灾难性后果。

依据《南极条约》的保护主义原则，禁止在该地区使用核武器和进行核试验，禁止处置核废料。有项特别公约管理海洋资源，最近通过的《南极条约环境保护议定书》，为保护南极独特的环境提供了综合全面的方法，并将在南极条约体系的框架内促进机制建设以达此目标。

所有这些发展都与科学息息相关。越来越多的科学家被要求在资源管理和环境问题上为政府提供咨询服务，因为这些问题已经进入南极条约协商国会议（the Antarctic Treaty Consultative Party Meetings）的政治议程（协商会议是具有最终决策权的论坛）。同时，科学本身也被认为对局部环境具有破坏作用。将来会启动评估程序对此类影响进行事先评估。

变化中的视角

科学家参与政治和行政决策机制，以及对研究活动本身建立环境控制，这两种情况都对南极科学的社会和认知条件产生了影响。到目前为止，这些问题本身没有得到认真仔细地研究。相反，关于科学政策咨询机制利弊的争论，对科考站进行环境检查的争论，更多的是出于推测，而不是对经验进行合乎逻辑的评价或与其他科学领域的类似情况进行比较得来的。

显然，采取一种正在变化的视角来看待作为自然资源的南极，将会影响人们对这个寒冷大陆作为研究目标的看法。过去是这样，将来也会如此。与本次研讨会有关的这个项目的目的是，就自然资源和研究目标这两个方面的复杂相互作用收集一些知识。我们希望一方面探索全球政策领域不断变化的议程，另一方面探索南极研究的变化趋势，认识到后者是内部和外部双重因素决定的产物，例如，科学工作本身的内部因素，以及影响或设定更广泛参考架构的因素、在任何给定时间点进行活动的制度背景的因素。30 年前，《南极条约》建立时，基础研究占据最重要的地位。10 年前，与潜在的石油和矿产资源潜力前景相关的政治压力，以及海洋资源管理的实际需求，已经开始影响科学家的活动，包括研究议程的确定方式和针对纳税人的辩护。当前，南极地区主要关注的问题是环境组织的压力以及对全面保护制度的期待，而全面保护制度导致科学受到环境影响评估的严格审查。有些人认为这是好意，但好意可能会终结好科学。

从科学哲学到科学政策

在科学哲学中，有段时间我们在关注这类问题，它们构成了科学政策问题研究的组成部分，在这一研究领域，知识学和政治得以相遇。

我们试图让政界人士、其他决策者以及科学界以外的压力团体关注这样的一个问题，要使某项我们称之为科学的活动能够继续发展，就必须具备某些最低限度的条件和特质。在某些情况下，外部相关性和问责制压力会使科学事业陷入某种程度的扭曲，换句话说，我们认为研究工作需要保持科学驱动的议程和知识评估的内部标准［即认知标准（epistemic criteria）］。在某些情况下，这些标准可能会被外部认知标准所掩盖或挤出，这些外部认知标准与所研究的社会或政治相关，或者与进行该研究的后勤运作相关。我称这种在外部压力下从内在转向外在的认知标准为认知漂移（epistemic drift）。这是研究过程本身的动态变化。对于决策者、科学家和公众来说，更感兴趣的是认真仔细研究在多方参与的世界中维持研究过程及高品质科学的稳定所需的特征和环境。

在某种程度上，这是一个概念上的问题。政治家、政策制定者以及外部压力团体往往对科学的想象过于简单。在 20 世纪 60 年代，科学政策以"科学推动"（science push）模型的思想形态为主导。那是一个经济扩张的时代，因此，如果社会有这样的观念，转起科学之水泵，就能为社会带来诸多的美好东西，似乎是一个合理的想法。70 年代，随着经济下滑和社会福利计划的增加，取而代之的是创新过程的"需求拉动"（demand pull）或"市场拉动"（market pull，取决于某人的意识形态）模式。今天，人们尝试将两种方法结合在一起，我称之为"统筹模式"（orchestration model），这种模式对于涉及其中的科学家个人给予相当大的自由度，但受到一个或另一个的社会、经济或政治的任务目标总体结构的约束。然而，当涉及社会和认知的因素相互复杂作用时，决策者仍然缺乏敏感性，这些因素必须到位，研究才能完成它应该做的事情，从而使我们更好地理解这个世界的运行。

从某种程度上来说，这也是一个实践问题，即从科学的内部以及科学之外来看，什么样的机制安排和组织形式最适合于各种科学活动，使其能发挥最大的效率。

在我们研究不断变化的极地研究条件时发现，是时候召集一个精选小组组织一场圆桌会议来探讨概念和实践的问题了，在南极研究所处的不断变化以及未来可能发生变化的条件下，看看不同的利益集团有何共同之处，以及更清楚地界定这些分歧领域。希望这个研究将有助于更好地共同理解科学和社会的需求。

本书第一章提供一些基本的背景信息，第二章至第六章是研讨会讨论的核心内容。在本书的结尾部分还安排了特别的一章，这是一个国际小组撰写的报告，其根据国际科学联合会理事会的要求重新审视南极科学研究委员会的地位和职能。这是一份及时的研究报告，它进一步深入阐述了本书中涉及的一些主题。它建议审查南极科学研究委员会的组织结构，并建议对其进行改组。它还建议建立一个南极科学基金会，其性质是国际性的，旨在协调、激励和筹集南极研究所需的经费。这一新的制度安排将归入国际科学联合会理事会，并与南极科学研究委员会保持从属关系。

因此，本书分为几个专题。第一部分提供了《南极条约》的历史背景，并介绍了当前的关注点。第二部分回顾了科学的过去和现在的角色和作用。第三部分更详细地研究南极研究的变化趋势，特别关注《南极条约环境保护议定书》。在这方面，科学家和环保主义者的观点相互矛盾。第四部分将重点放在南极研究议程的不断变化上，而第五部分则是对研讨会的总结性讨论，第六部分则收集了四篇具备发表水平的论文；以及最后增加的特殊的一章，是由科威尔（Rita R. Colwell）教授根据国际评估小组对南极科学研究委员会工作的调研结果撰写的。

文中的小标题是用来突显各个要点和问题的。因为本书旨在激发人们对南极洲作为自然资源和研究对象的进一步讨论，希望这些小标题更加有助于明确事实、观点和建议。

第一部分

历史议题与当代议题

第一章　极地地区的科学政治

安特·埃尔辛加（Aant Elzinga），从（加拿大）西安大略大学获得理论物理与应用数学学士学位（1960，获得一枚数学金牌），从（英国）伦敦大学学院获得历史与科学哲学学科的科学硕士学位（1964），从哥德堡大学获得科学理论与研究（vetenska-psteori）高级学位（higher degrees）。他目前是全职教授，担任哥德堡大学该学科主席。

英格玛·博林（Ingemar Bohlin），从哥德堡大学获得理学学士学位（1985），现在是哥德堡大学科学理论与研究系的注册博士项目研究生。他已发表数篇与科学历史、理论和社会研究主题相关的文章，以及两篇关于瑞典极地研究组织结构和政策的报告。他的博士论文工作是在科学历史学领域，特别是关于达尔文的学术成就。

本章旨在为随后各章研究的某些议题提供背景情况。同样地，本章提出一些在科学政策分析中实用的分析术语，尤其对极地研究的动因和实践进行讨论，其中特别提到南极。本章引入了制度性动因（institutional motives）这一概念，对现代极地研究的一些驱动因素进行了评论，并对北极与南极科学之间的某些相似性和差异性加以考虑，以便对后者加以强调。外部政治条件在极地南、北两个地区颇为不同，而人们如今正是在这些外部政治条件所塑造的结构框架之中开展极地研究工作。在北极地区，许多国家对国家主权的行使，以及其军事和经济利益，阻碍了科学领域意义深远的国际合作，而人们发现在南极则存在这种合作。与此同时，这些因素导致知识生产的碎片化，而在南极地区，一项冻结领土主权申索并强调科学研究的国际条约安排，则为基础科学研究创造了有利条件。有人认为，南极地区重点聚焦于科学与政治之间的权衡，南极研究具有象征性工具功能，这与北极突出的实用性工具功能不同。

最近为各方所同意的《南极条约环境议定书》（1991年10月4日）目前正在批准过程中。《议定书》对所有与采矿和矿物勘探相关的活动规定了50年或更长的禁令。相反，与环境问题相关的研究则受到有力的鼓励。这种对制度性动因的再定位已对研究议程产生了重大影响，因为这意味着在某些情况下南极研究向环境监测和实用工具性研究模式的转变。因此，南极环境科学研究已从政策层面得到了加强。由于所涉及的实用性工具功能，可以从北极地区的一般经验中借鉴很多东西，因为北极那里的强关联性压力，在人们所进行努力的许多不同领域中都起作用，而这往往会损害基础研究。

制度性动因

环境已作为不能与其他议题同等对待的议题出现。一份最新的加拿大报告宣称，"有证据表明，除非我们采取一种将环境整体性排在首位——除大多数人类的基本需求之外——的价值体系，否则人类生命本身都受到了威胁。这意味着要把环境作为政治和经济决策的背景来对待，而不是作为许多因素中的一个来对待"①。当这一事实得到承认的时候，就必须强调极地研究的重要性。例如，布伦特兰报告（the Brundtland report）指出经济、技术和环境趋势结合在一起的压力，是如何使得对两极中至少一极的合理管理问题变得紧迫。南极提出的挑战，可能重塑下一个 10 年内的政治内容②。极地研究如今激发许多学科中科学的发展。有时候，这种发展受到人类的好奇心或很可能受到我们称之为基础研究的动因所激发。在制度层面，或作为一个国家科学政策的组成部分，基本动因本身因存在或支持一群这样的专家而显现，他们确定的问题与日常的政治和经济压力保持一定距离。这些专家通常是一个范围更大的共同体的组成部分，这个共同体将全国范围和国际范围的专家连在一起。唯有当这一专家群大到足以维持自身的时候，这种情况才有可能出现；这是一个相对稳定而持续活跃的共同体，一个相对免受商业、军事、政治和其他所谓外部压力影响的共同体③。在这种意义上，基础研究的动因是"内在的"，它有别于"外在的"制度性动因——其出发点是追求经济收益、国家声望或权力。

相较于在其他许多领域之中，极地研究中的内在动因与外在动因更容易区分。本章的观点之一是表明为什么如此，以及各种各样的制度原理动因是如何作为驱动因而发挥作用，从而不同地影响着北极和南极的极地科学条件。我们确认在极地研究中总共有六种动因。这些动因的相对强度在不同国家各异。在有些国家，经济动因可能是主要的；在其他国家，军事、行政/管辖权或环境动因是主要的（表 1 对不同动因进行了评述）④。这种情况虽然是可能的，即人们可能根据"动因概括"

① Science Council of Canada. 1988. *Water 2020*. *SCC Discussion Paper No.* 40. Ottawa，p. 23.

② Bmndtland Commission. 1987. *Our Common future*. The World Commission on Environment and Development. Oxford，287 p.

③ Roederer，J. G. 1978. University research. Competition with private industry? *The Northern Engineer* 9，26-31.

④ 制度性动因思想的进一步发展，见之于 Bohlin I. *Om polatforskning*（se ref. in Preface above p. ix）。

（motivational profiles）对不同国家的极地研究政策进行分析和比较，但此处不打算这样做。我们的聚焦点是地缘政治层面的极地研究。虽然强调的是南极，但是对北极进行了参考，以强调某些相互比较。由于北极远比南极复杂，因此将需要比本章所允许的更长的篇幅来加以评述。

表 1　极地研究中的制度性动因①

1. 基础研究动因

　　基础研究中的许多问题，在极地地区进行研究具有优势。

2. 政治动因

　　研究活动标志国家的存在；成功的极地研究计划赋予自己国家国际能见度和威望。科学被用来作为强调和加强主权申索或地缘政治声望的手段。

3. 经济动因

　　A. 自然资源：在北极存在资源采掘和生产的增长；虽然南极相当于一个资源基地，但由于《南极条约环境保护议定书》已被采纳，因此就矿产资源而言，这种情况已经停止了。海洋资源利用受《南极海洋生物资源养护公约》（CCAMLR）限制，该公约被批准利用生态系统方法。

　　B. 技术发展：利用自然资源的设备和科学的发展；科学家和军事机构也对新的和新出现的科学技术感兴趣。

4. 军事动因

　　A. 从军事观点看，由于空中距离短和对携带导弹潜艇的有利条件，如果两个超级大国之间发生冲突，北极是非常有利的战场。

　　B. 对于保卫工业和北极地区其他经济上重要的设施来说，北极已变重要了。

5. 管辖权/行政管理动因

　　对社会、产业和自然保护区（natural reserves）或养护区（conservation areas）行使管辖权职能和行政管理，要求必须进行不断拓展的知识库。

6. 环境动因

　　极地地区是适于对全球环境退化（与南极上空的臭氧洞进行比较）进行调查和监测的地区，并且可以在地质时间中对环境和气候系统中的全球变化进行研究。极地地区也是相对未被破坏和需要保护的。

　　所有 6 种制度性动因都推动了极地地区研究，并且有助于促进许多不同学科和跨学科特性的发展②。

---

　　①　表 1 呈现的是第 8 页注释④中引用的对 Bohlin 材料的浓缩。
　　②　关于对受管辖权、经济、军事和其他动因驱动的各种各样领域的调查，参见 *Arctic Research in the United States* 1，（Fall 1987）and 2（Spring 1988）。

变化中的环境

现代极地研究政治呈现出几个不同而重叠的发展时期。就某种程度而言，这些时期的特点是以驱动力的变化为标志。就南极而言，政治紧张的早期在20世纪50年代达到高潮。冷战和对领土有申索的国家之间的冲突，有着使这片大陆变成争吵斗争场所的危险。1957—1958地球物理年，以及之后采用的《南极条约》（the Antarctic Treaty，AT）有助于降低这些紧张度。随后开始了一个以相对稳定和对科学强有力关注为标志的新时期。该地区被看作是非军事区（nonmilitary zone），而且实质性的研究工作，使得那些新的国家有资格成为负责管理南极事务的"俱乐部"新成员。科学获得了作为政治资本的象征性价值，而且因未受到更直接的外部压力而茁壮成长。然而在20世纪70年代期间，由于受到经济和环境动因的推动，新的议题出现了。我们现在正进入第三个时期，这一时期媒体和公众的注意力热切地投向南极。20世纪80年代期间，有许多关于矿产资源谈判、勘探，以及准备新的勘探的报道；紧随其后的是环境主义转向和签订一个新的（南极环境保护）议定书。这种局面与《南极条约》起草时截然不同。科学现在被要求对各种各样的外部性目标做出更系统性的贡献。这一目标定位的例子，包括对形成有关臭氧洞、全球气候可能变化，以及海洋资源管理的知识进行研究。

在北极，紧张状态已持续增强。从20世纪60年代开始，这些紧张状态因近海石油开采和开发而恶化。军事动因和与经济区（economic zones）延伸相关的主权申索纠纷也已成为冲突的根源，从而对科学合作[1]、基本数据收集，以及研究船（research vessels）行程造成了困难。只是到最近，由于苏联的开放政策（glasnost），然后是俄罗斯接替苏联，东西方在北极科学中的广泛合作才成为可能性的现实[2]。实际上，它意味着成立国际北极科学委员会（International Arctic Science Committee，or IASC），一种部分与南极科学研究委员会（Scientific Committee on Antarctic Research，or SCAR）相似的制度；后者是一个负责在南极进行协调的国际专业机构（表2进一步显示在北极与南极科学环境对照中的特点）。北极新的主要危险，是核废料和

---

[1] 在最近的一篇文章中，基于I. 博林在文章中详尽阐述的象征性和实践性科学效用思想——在第9页注释[1]、第20页注释[5]、第21页注释[2]中被引用，威利·奥斯特任（Willy Østreng）对极地地区科学合作的根本原因进行了有趣的描述。Østreng, W. *Polar Science and Politics Close Twins or Opposite Poles in International Cooperation.* 提交给1998年10月10-12的奥斯陆国际会议"国际资源管理：科学投入与科学合作的作用"（"The Management of International Resources：Scientific Input and the Role of Scientific Cooperation," Oslo 10-12 October, 1988）的论文。该文的缩减版是这样出现的："International Cooperation in the Polar Regions：the Role of Science", *International Challenges* (Oslo) 6；p. 20-25。

[2] 戈尔巴乔夫1987年10月的讲话（《真理报2》1987年10月2日）引起了一连串的事件：1988年3月，来自加拿大、丹麦/格陵兰、冰岛、挪威、芬兰、瑞典、美国和俄罗斯的专家在斯德哥尔摩举行的会议，1988年12月在列宁格勒举行的科学大会，都是在朝着成立国际北极科学委员会（International Arctic Science Committee）的路上迈进。

被抛弃在新地岛（Novaya Zemly）海岸及其他地方废弃的潜艇反应堆。在此地，国家主权原则和专属经济区（extended economic zones，EEZ）概念，恰恰对于应对如今的这些问题做出正确决定构成了障碍。

表2　关于影响极地研究活动的北极与南极之间特点和条件的对比

北极	南极
•地理：海洋被陆地环绕；与非北极地区的边界不明显	•地理：为海洋所环绕的大陆；与其他大陆的界限分明
•生物群落：欧洲及亚洲和美洲部分有大量动植物	•生物群落：只在大陆边缘有动植物
•原住民人口：欧洲及亚洲和美洲地区有许多部落和族群差异	•原住民人口：没有自然的人类定居点
•自然资源的可获取性：虽然气候严寒，且一年大部分时间为冰雪覆盖，但另一方面，在许多地区有浅浅的大陆架，且离工业和市场的距离相对不远	•自然资源的可获取性：气候远比北极严寒；99%的地表被厚厚的冰原覆盖；大陆外水极深；离工业中心和市场的距离非常遥远
•目前的经济活动：陆上和海上油气勘探和利用，以及采矿、渔业和水力发电生产在不断发展	•目前的经济活动：目前只有渔业活动在进行；在现处于批准过程中的《南极条约环境保护议定书》控制下，为商业目的进行的矿产资源勘探和利用被禁止至少50年
•军事利益：非常大而且在不断增加	•军事利益：非军事区，且如今只有有限的军事利益
•主权：虽然陆上主权不受冲突影响，但不同国家之间的大陆架边界和专属经济区在不同地区却是模糊的	•主权：虽然7个国家有主权申索，然而由于《南极条约》而被暂停或正被搁置；两个超级大国在未来保留提出主权申索的权利
•国际研究合作：虽然有一定数量的合作存在，且基本上是以双边为基础，但国际北极科学委员会（International Arctic Scientific Committee）最近已成立；研究结果受保密的影响，并且只能有限程度地自由获得	•国际研究合作：在国际科学联合会理事会（International Council of Scientific Unions，or ICSU）保护下，南极科学研究委员会成功地推动了国际层面的研究合作；在《南极条约环境保护议定书》（例如，对被规划项目的环境影响评估）控制下的要求，可以进一步促进合作，就像美国与苏联之间以前的冷战紧张关系结束可以做到的一样。法国和其他一些国家的科学家，已建议在南极内陆地区建立一个国际研究基地
•对研究的关联性压力：在北极圈国家，研究与军事、经济和管辖权/行政管理需求深深地连接在一起；在其他国家，基础研究立场坚定	•对研究的关联性压力：虽然基础研究立场相对坚定，但在过去十年期间，战略研究数量已增加，而且目前在有些案例中，环境动因有助于在应用性方向，对扩大到环境监测中的连续活动施加压力

在南极，冷战的结束已消除了一个重要的刺激因素，因为超级大国竞争过去常常转化为科学竞争。然而，新的政治局势，加之美国和俄罗斯都有预算限制，已导致合作兴趣的增加。从下面两个例子中，这种情形是显而易见的：其一，包含两国科学家的1992年联合研究项目，该项目的科学家们在漂浮于威德尔海（the Weddell

Sea）冰山上的漂流研究工作站一起工作；其二，关于对在南极大陆内陆建立研究基地的讨论。

各种因素结合在一起，增强了极地研究背后的推动力。北极的工业化和对南极矿产资源和碳氢化合物的商业兴趣属于经济动因。自20世纪60年代以来，环境意识已持续加强。在新的国际经济秩序旗帜下，不结盟运动和第三世界于20世纪70年代走向高潮。这是将南极问题置于联合国议程之中的原因。最后，既有的技术进步已经对科学和经济产生了影响。

石油危机与对新资源的追求

经济动因在20世纪70年代方兴未艾。对有关全球资源消耗做出悲观预测的罗马俱乐部（the Club of Rome）报告，在1972年发出了警报。因中东政治问题而导致的价格上升，导致石油危机爆发，进而使得能源价格飙升；对新的资源的寻找进展顺利。在此背景下，专属经济区概念逐步形成，而且注意力也转向极地地区。在加拿大和阿拉斯加，科学勘探之后已然得到加强的对北极石油的寻找，使得人们现在对收益抱有希望。到1980年（可能是139个国家中）超过100个国家声称拥有某种形式的专属经济区，从而将国家经济边界远远推进到海洋里。虽然南极免于专属经济区的申索，但有几个国家开始进行地震勘测。罗斯海（Ross Sea）的碳氢化合物线索，引发了有关数以十亿吨计的石油储量推测。主要的石油公司鼓励对海床概况进行地震勘测，而且对罗斯海、威德尔海和别林斯高晋海（Bellingshausen Sea），以及对南极半岛（the Antarctic Peninsula）近海的海床数据收集，已在各种各样的国家旗帜下进行。威德尔海（the Weddell Sea area）的大陆边缘被认为前景广阔。

铜、铀和铂在大陆上的少量发现，以及铁矿石和煤的更大规模发现，进一步激发了有关南极作为世界最后"宝库"（treasure chest）的推测。穿过数千米厚的大冰原钻孔到达矿床的成本、到达最近市场的运输距离，以及企业面临的风险，使得商业冒险在未来的许多年都不可能发生。然而在矿产资源谈判中，却有一种急切的语气说要花6年完成，结果于1988年1月初在惠灵顿成功起草了一个文件。从1988年11月开始开放供签署，这一新公约还未生效。澳大利亚和法国从根本上否决了这一公约，他们还与全世界的环保主义游说者（尤其是绿色和平组织，Greenpeace）以及南极洲和南大洋联盟（the Antarctic and Southern Ocean Coalition，ASOC）一起，迫切要求制定一项全面保护南极及其相关生态系统的协定。在接下来的南极条约体系内政治过程中，这一协定变成了《南极条约环境保护议定书》，随即将先前有关矿产资源勘探（和利用）的自愿性暂停行为，转变为至少50年固定不变的行为。在南极集团内部，存在着两派之间的分歧：一派是那些要利用这个大陆的主张矿产资源开采国，另一派是那些提出环境保护为最主要利益的国家。澳大利亚、新西兰、智利以及瑞典属于后一类国家；而倾向于矿产资源开采的游说者则包括西德、日本、美国、英国、法国，以及可能还包括意大利和发展中国家中的巴西及印度①。

后来，法国和意大利转而支持环保主义者的意见。苏联自身则主张对矿产资源进行开采。现在它的利益已为独立国家联合体（the Commonwealth of Independent States）所承袭，而俄罗斯是其主要行为体。环保主义意识在此时也已得到发展。进而言之，经济危机已迫使俄罗斯人减少其在南极的努力。

在惠灵顿，澳大利亚对在公约中写入反补贴条款的矿产资源谈判进行积极地游说。这将禁止人为动因，并保证采矿将到依据"正常"市场标准可行时才开始。这一原则因主张矿产资源开采国而受到阻挠，其中有美国和英国。就像批评者所评论的那样，"有点具有讽刺意味的是，有几个要自由市场经济的煽动性国家，却位列那些最强烈反对包括该条款的国家之中。"② 或许，未来南极商业企业的规模是单个公司难以企及的，这种规模要求建立合资企业和来自公共资金（public purse）的支持。

主张矿产资源开采国在另一点上还取得了优势：即如果能够"显示"根源是无法预料的自然原因、武装冲突，或"恐怖主义破坏"，则可拒绝承担事故和环境损害的全责。如果这一条款在实践中被援引的话，那就将提供许多弹性解释，而且人们可以预期，采矿公司雇佣专家的权力和手段将在裁决中起重要作用。

直到数年前，恰恰是这种出于私利的考虑还占据上风。有位观察家在那时说道，"……没有证据表明，南极条约成员国对形成矿产资源机制关注的增加，并不能归因于他们的长期规划。更加可能的是，各种外部压力提供了主要的推动力。首要动力是这样一个事实，即到 20 世纪 70 年代初的时候，世界严重地面临自然资源问题的重要性、其可能的短缺和战略价值……这之后是石油价格的飙升……"③。没有理由相信，由经济收益希望所支配的实用主义，长期而言在未来将会消失。然而在过渡期，就像已经提到的那样，由于已经对采矿施加禁令至少 50 年，因此南极事件已出现巨大转机。澳大利亚和法国在这一点上以此为手段，奋力争取将南极变成"自然保护区——科学之地"的方针。与新的环境保护机制（《南极条约环境保护议定书》）一道，将有一个环境保护委员会，而在其中科学家们将扮演主要角色。

紧随《联合国海洋法公约》之后

20 世纪 70 年代期间逐步形成的第二个推动力，在 1982 年《联合国海洋法公

---

① Sander, K. Greenpeace, Copenhagen. Report on the final session of the Antarctic mineralsconvention negotiations（个人沟通）。

② Antarctic and Southern Ocean Coalition. 1988. *ECO（Wellington NZ）*63 p. 1.

③ de Wit, M. J. 1985. *Minerals and Mining in Antarctica. Science and Technology. Economics and Politics.* Claredon, Oxford University Press, 53 p.

约》（还未被批准）的附件三（UNCLOS Ⅲ, the Law of the Sea Convention of 1982）
里面达到顶点。在有些案例中，对海洋资源、海底矿产资源和近海能源不断增加的
兴趣和竞争，使得一个易伤感情的话题——即南极的法律地位——出现了，《南极
条约》因 12 个签署国而存在，其中包括所有的领土申索国和两个超级大国。随着
对南极大陆作为可能的自然资源储备的关注，有几个新的国家将此视为加入南极条
约体系的一个附加理由；这些国家中有些在南极洲安排研究工作站，以便有资格拥
有决策圈内的成员身份。有些第三世界国家感到南极条约体系完全不可接受，进而
认为该条约体系是大国政治和殖民主义的余孽。由马来西亚牵头，这一集团的国家
提出使南极管理制度化的替代性设想，以使之处于某种联合国的托管制度之下。这
被普遍称为"人类共同遗产"（common heritage of mankind）原则。人们曾将此与列
入联合国教科文组织之下的共同遗产古迹遗址进行比较。这一思想也可被理解为管
理专属经济区之外深海海底资源原则的延伸，那些原则在联合国海洋法公约大会得
到采纳。

一旦《联合国海洋法公约》文本确定下来，南极洲就进入到联合国议程之中
（1983 年），而且有几个联合国文件开始商讨一个替代性安排议题。有些国家要求，
将矿产资源谈判推迟到，直到所有国家都可能被咨询的时刻；要求联合国参加到这
些谈判之中；但南极集团国家对此置之不理，即便下次会议被推迟到联合国大会的
辩论之后。这种外部压力导致了南极条约体系之内，以及南极条约体系与外部利益
之间的调和。例如，现正加入的成员国不被允许参加协商会议，因为主要决定都是
在那里做出的。1983 年，这一规则被改变了，现正加入的成员国开始以观察员地位
参加会议。当印度和巴西于 1983 年提升了其地位，而且在 1985 年另外两个发展中
国家（中国和乌拉圭）成为完全成员的时候，协商国地位的科学标准受到了削弱。
这些事件有助于缓和第三世界的反对。然而，以"人类共同遗产"原则为基础的联
合国托管制度思想，继续对现有机制的合法性构成挑战，而且争议增加了南极议题
的能见度。

如今有大约 40 个南极条约成员国（南极条约缔约国——译者注），其中 26 个
是投票成员国（南极条约协商国——译者注）。主要的新成员已在过去 15 年期间加
入，而如今有许多代表不同国家的利益；包括工业化国家、有领土申索权的国家、
发展中国家，以及举世无双的两个超级大国本身。来自一些第三世界国家的强大压
力，意味着在南极条约体系中现在对此必须予以考虑。至于研究，这些处于劣势的
国家可以因参加双边或多边科学合资企业而得到补偿。不幸的是，在计划项目越来
越必须以全球代价来进行界定、越来越必须与国际科学倡议连接在一起之际，国家
利益收缩的趋势，似乎减缓了这种可能性。

日益增强的环境意识

环境动因对极地研究具有双重意义。它推动了与全球计划的联系和在各学科中的整合。一方面，研究能够对保护极地环境做出贡献；另一方面，极地地区是检测全球环境和获得数据的好地方，而这些数据对建立物理、地理、气候和大气系统模型很重要。对全球远景来说，从高海拔（high altitudes）和太空研究进入到大气浮质（atmospheric aerosols）和南北极冰帽（the two polar caps）污染的研究至关重要。对在冰雪中钻取的芯体中的微量元素（trace elements）进行测量也意义重大。就南极洲而言，它们（微量元素）为世界的一般环境健康表格（health sheet）及其在历史中的退化提供了参照点（reference point）（零点，zero point），并且还能够对过去16万年期间的气候变化（variations in climate）进行推断[1]。有些数据为建立冰覆盖融化率变化（variations in melting rates of ice covers）和随后的海平面变化模型提供了基础，而对于了解作为南半球气候系统来源（generator）的南极来说，这与海洋学研究和海洋地质工作一道起到了重要作用。与此同时，研究本身也是污染的根源。这是绿色和平组织为什么建立一个营地（世界公园基地，1992年又解散了）——该营地离美国麦克默多站（the US McMurdo station）30千米——的原因，为什么在南半球夏季对许多研究基地进行数轮访问的原因。绿色和平组织这样做的目的，是要确定由其（研究基地）活动引起的污染和环境损害的程度，这些污染和损害包括来自照相工作室（photo laboratories）、被废弃油桶泄漏、废料、粉尘和聚苯乙烯颗粒的有毒化学废品等[2]。

如此发现已引起轰动，并导致数个国家将一些最糟糕的肮脏污秽清理干净，以改善自己的形象。在矿产资源谈判期间，非政府组织也是有力的游说者，而且他们因自己监督人的活动，而使公约被搁置，以有利于一个环境机制的建立。在20世纪80年代期间，他们已成为有关议题和围绕这些事件进行谈判的重要信息源，并成功使他们自己的环境主义和自然资源养护论信息在媒体新闻报道中出现。相比之下，南极条约体系拥护者在公共关系中却没有获得同样的成功。在许多人眼中，遮遮掩掩和排他性依然如故。

环境主义者因这样一个事实而烦扰不已，即南极条约体系成员国似乎不喜欢打破现有规则，就像被再三引用的法国建造（飞机紧急降落用的）临时跑道计划的例

---

① Genthon, C., Bamole, J. M., Raynard, F., Lorius, C., Jouzel, J., Barkov, N. I., Korotkevisch, Y. S. and Kotlyakov, V. M. 1987. Vostok ice core: climatic response to CO2 and orbital forcing changes over the last climate cycle. *Nature* 329, 414-418. 这是《自然》（*Nature*）杂志刊登的第三组三篇文章系列，以呈现法国-苏联研究合作的结果；其他两组对冰芯（ice core）的研究分别为 *Nature* 329, 403-407 and 408-413.

② Greenpeace. 1988. *Expedition Report 1987—1988. Greenpeace Antarctic Expedition. Stichting Greenpeace Council*. Lewes, East Sussex, UK.

子那样，因为该临时跑道恰好穿过一个企鹅栖息地（penguin rookery）。尽管法国因受到非官方压力而停建，但这一计划从未在官方会议上被接受。批评者依然认为，现有的环境规则缺乏实施所需要的"牙齿"（即实施所需的力量——译者注）。科学家们指出，乘飞机进入南极大大增加了主要研究活动期的长度，而这对全球环境研究是重要的。

人们常说极地地区的生态系统是非常脆弱的。但这是一个有些争议性的观点。由于极端的气候特点，极地研究人员指出，在有些例子中，已经如何演变的南极生态系统，事实上是相当稳固的。然而，环境中的小变化将有巨大的影响，而这对科学来说是令人感兴趣的。这并没有削弱批评者的要点，因为他们指出极地青苔（polar lichen）的足迹将如何经年累月地留下其标记，而拖拉机的车辙则可能在景观中留下不能挽回的裂隙。

当然，在北极，与有关石油钻井架、采矿挖掘，以及北半球工业的污染相比，北极研究工作站的垃圾是个次要问题。旅游也是一个必须应对的因素，因为很自然，不断增加的旅游与研究之间存在冲突。位于南极半岛的乔治国王岛（King George Island）上的科学家们抱怨说，由于从南美来的轮船相对容易抵达，游客的频繁来访打断他们的工作，并且也引发对环境的损害。按照研究工作站的人口密度，该岛依然人口超负荷。旅游规章已成为优先问题（priority issue）[①]。按照科学标准而非政治来决定研究工作站的建设地点，则应是另一个需优先关注的问题。

新的《南极条约环境保护议定书》规定，所有活动的环境影响需要在活动开始之前进行评估。这包括旅游和科学计划。一个三层次等级体系已经被引入来区分不同程度的影响——从微小影响到主要影响。某一活动的影响预计越大，控制就会越严格和越全面。

《南极条约环境保护议定书》有五个附件（其中四个附件在1992年10月的马德里会议上被采纳，第五个附件在稍后的波恩会议上增加）。这些附件可能根据将来的情形而改变。第一个附件给出了环境影响评估的指导方针；第二个附件关注动植物保护；第三个附件涵盖废物处理规章；第四个附件禁止船舶释放出油类、有害废物和化学品或类似东西到南大洋里；第五个附件管理"特别保护区"（Specially Protected Areas）和"南极特别管理区"（Antarctic Specially Managed Areas）的规章。在第五个附件中，前者"南极特别管理区"包括对科学有特殊利益的地点，或具有具体美学或历史价值的地点。进入这样的地区需要得到特别许可。另一方面，后者"南极特别管理区"通常是人类活动已发生或将来可能发生的范围更大的地区。为此，一项管理计划需要这样的目标，即鼓励规划和协调、避免冲突、促进与其他协

---

① Rocha-Campos, A. C.（南极科学研究委员会里面的秘书）. Geosciences Department, University of Sao Paulo, Brazil（个人沟通——访谈）。

商国的合作，并使人类和自然环境风险最小化。

"南极特别管理区"的地位是在协商会议上决定的，并且必须先于这一管理计划送到南极科学研究委员会、环境委员会（the Environmental Committee），以及南极海洋生物资源养护委员会的某个机构（Commission for the Conservation of Antarctic Marine Living Resources）。这三个机构可以给出建议，而就南极科学研究委员会和南极海洋生物资源养护委员会的作用而言，它们似乎只是通过环境委员会来间接提建议。但就可能受管理计划管辖的海洋地区而言，南极海洋生物资源养护委员会却具有最终发言权。

实施规则和规章及对它们的遵守，得靠所进行的项目或活动在所在国管辖权下的国家权力。虽然检查系统的机构是国际性的，但却是以自愿性和多边性为基础的。事实上，在实施《南极条约环境保护议定书》的不同部分中，人们将可能看到不同的国家风格和标准；随着时间的推移，这可能引起新的紧张关系。

虽然《南极条约环境保护议定书》构成了南极条约体系一体性和互补的组成部分，然而其出发点（point of departure）却是这一原则，即南极必须被看作是保护区、自然保护区，只用于和平目的、科学目的，以及作为荒野的独特美学价值目的。采矿和为将来采矿进行的准备活动受到禁止。先前有关废物处理的规章已经得到加强，而现在每个国家有义务发布环境及研究工作站和考察的废物管理报告，这些考察是在《南极条约环境保护议定书》旗帜下进行的。

《南极条约环境保护议定书》的采纳表明这一事实，即南极条约协商国已明确改变了对有关先前所建议公约的态度，从而使之废弃了。在坚持环境保护机制中，南极科学研究委员会被承认是重要的参与者，尽管其准确角色有点含糊不清，结果可能导致其地位受到某种程度的削弱。在《南极条约环境保护议定书》之下，隶属于南极科学研究委员会的南极后勤和作业常设委员会（Standing Committee on Antarctic Logistics and Operations，SCALOP）也将有新的使命。

一般来说，《南极条约环境保护议定书》似乎能够为科学家与养护团体之间的未来合作提供良好基础。这些合作能够形成新的联盟，以向各国政府施压获得更多的环境保护资金，因而这些监测活动将不会减少本已捉襟见肘的科学预算。

技术进步

已对重塑政治环境起到过很多作用的是高技术。虽然技术进步本身是科学研究的产物和机遇，但却已经反过来既对科学又对经济发展前景和环境伦理具有影响力。它们之间的关系既是因又是果。在北方，极地科学活动与经济、军事和全球性压力一起，已经是许多技术发展的重要推动力量，而这些技术已起到了帮助改变北极研究性质的作用。① 电子传感器、卫星、计算机模拟、用于地质目的的深海钻探、新的海洋设备和极地研究工作船（polar research vessel），它们已推动科学向前发展。在勘探和资源勘探及海洋资源、矿产资源和碳氢化合物利用方面，新技术也已经开启了新的可能性。冰和天气预报方法也已大大得到改进。这些巨大变化大部分发生在20世纪70年代期间，从而在经济和环境动因日益增长的时刻促进了极地活动，并强化这些动因。在北极，军事-战略动因也已受到技术进步的影响②。

这个新时代见证（bears witness to）了许多新的概念，其中有些概念也对国际法和有关资源管理和效果分析产生了影响。我们的新词汇包括像北极人工岛、穿过"国家"管辖区的海底管线（seabed pipelines）、离岸钻井平台、冷藏船、海下石油、高技术水产养殖等这样的术语。它们指向新的经济活动形式和新的海洋实体种类，以及工业和国际法中的新规则和新博弈。由于它们在环境监控、天气和气候系统研究、地球物理测量和全球变化方面中的核心地位，许多这些技术——它们本身从科学中产生——已直接激发各种各样的动因，并有助于设定极地研究议程。

全球化和内部研究的动力

极地研究中力量不断增强的环境动因，与新技术的出现和更一般意义上的科学发展一道，已经使得全球化研究的进程加速。如果单个项目想成为研究层面的组成部分，则它们正日益被迫构成全球计划的组成部分。有个案例是国际科学联合会理事会下属的国际地圈生物圈计划（International Geosphere-Biosphere Program），人们普遍称其为"全球变化计划"（Global Change Programme）。在此，极地研究起到重要作用，并与超越学科边界的科学工作相连接。极地研究并非凭自身而成为一个专业，而是越来越倾向于在其他学科中成为得到承认的方面。这是因为极地方面对了解全球系统意义重大。在某些方面，这实现了在1882—1983（这个应该是1883，原著笔误，译者注）、1932—1933极地年和国际地球物理年所采用的那些国际主义和全球范围的概念。

长期而言，极地地区发生的事情能够影响整个地球。例如，流入北极水域的淡水，有助于维持北冰洋上层水的低盐度。这起到了防止更暖和、更深处的水体到达表面的盖子般的作用，而这将增加热流动（heat flow）和水分传到大气中。结果，全球天气模式将经历巨大变化。即便轻微减少淡水流入，也可能影响洋流和海冰的形成及破裂③。虽然许多科学家相信这将升高气温，但是对进一步的影响存在不同

---

① Roots, E. F. 1986. Introduction. *In Advances in Underwater Technology. Ocean Science and Offshore Engineering*. Graham & Trotman publ. vol. 8.（Exclusive Economic Zones）.

② Young, 0. 1986. The age of the Arctic. *Oceanus* 2910-11，涉及军事部门的新技术。

③ Science Council of Canada . 1988. *Water 2020. SCC Discussion Paper No.* 40 Ottawa, p. 16.

观点。虽然"温室效应"可以使海平面上升、带来灾难性影响，但是正在增加的湿度将带来更多裹住水的冰也是可能的，从而使海平面变低①。

来自亚洲和欧洲甚至美国南部的工业污染物进入北极，从而影响植物、水体和大气。"温室效应"的推断意味着北极降雨量的增加，这是一个有待研究的重要因素。虽然极地地区臭氧层的变化可能或不可能与全球其他地方的变化相关，但对于可能显示的地球能量平衡、大气稳定等方面的变化来说，它们是重要的。极地地区重要参照点问题的清单很长。关键之处在于我们正目睹一种既有环境问题又有环境关切的全球化，而且必须在政治领域中加以应对。这两个因素一起影响极地科学的特性，进而呼吁国际合作。

就像被指明的那样，极地研究中的全球化趋势也来自科学内部本身。极地研究追随而且在某些重要地区引领许多其他领域中的一般潮流，在这些领域中系统观（systematic perspectives）已被采用；这也是在北极和南极科学中的国家和国际投资的一个理由。在生物学中，人们现在见到人口生态学和行为、生态能量学、社会生态学和系统-模拟的存在。在分子生物学中，对新的生命形式设计的研究要求采用背景方法（contextual approaches）。在地球科学中，板块结构学和海底扩张理论（the theory of plate tectonics and sea-floorbed spreading）为许多先前不相关的领域，提供了系统而整体化的基础；而有些新技术则加强了这一趋势。在大气科学中，25 年前发现的等离子体顶层（plasmapause），以及日地物理学（solar terrestrial physics）的出现提供了另外一个案例，即先前不相关的研究能够与一个包罗万象的结构理论和两个系统——地球（陆地、海洋、冰）和太空——的互动动力学联系到一起。南极在地壳中的作用、冈瓦纳古陆（Gondwana）在地质时代的形成和分离，赋予了极地研究核心地位，例如在海洋地质学中。在气候形成模型、全球环流模型，以及各种其他的例子中，南北极也是在更大范围的学科数据和理论形成不可或缺的来源，这些学科包括气候学、地质学、地球物理学、生物学，以及物理海洋学②。

此外，在历史上，可以说极地研究现在是其内在动力的第三个阶段，这一阶段因全球化趋势和强调理论工作（以及全球性模拟）而有重要意义。第一阶段的特点是早期的分类学工作，这一阶段聚焦于极地地区动植物和自然特性的编目；第二阶段（可能始于 20 世纪 50 年代）的特点是更明显地聚焦于地方性程序。当然，极地研究中与这些早期阶段相关的研究模式，继续与更新式的方法串联在一起。

应用和战略研究

（同时受到内外驱动的）极地研究中对全球化的制度性反应是多样的。就北极

---

① Olausson, E. Department of Marine Geology, University of Gothenburg, Sweden（个人沟通——访谈）。

② Fifield, R. 1987. *International Research in the Antarctic*. SCAR/ICSU Press, Oxford.

而言，与经济、军事、司法、行政和政治动因的稳固联系，在应用研究方向产生了强大的拉动力。任务导向倾向于与短期问题和需求相连，从而导致知识生产的碎片化。在一些北极沿岸国家（加拿大、挪威、美国），这一特点非常突出；而那些没有拥有北极领土的国家，则能够努力地集中于更加基础类型的研究（例如德国和英国）。军事和经济动因影响研究努力的目标。在许多情况中，这些动因也与司法–行政工作相连，因而涉及制图学、资源管理、环境影响研究、法律问题，涉及教育服务、卫生保健、通信技术的延伸；涉及对少数族裔、移居者和移民工人的文化支持。

关于北极，政治分析家奥兰·扬（Oran Young）曾写道，"它不再是战时弹道导弹在其上空飞越的冰冻荒原。远北地区在迅速工业化，且因此变得对美国和苏联特别重要"①。海冰力学、极地的衣食住行（clothing and housing）、北极光（aurora borealis）研究、干扰防御系统的电磁风暴或石油管线中的保护性中继设备运行（the operation of protective relay devices），这些只不过是许多军事与经济动因相聚合领域中的一些例子而已。其他包括在任务导向活动下的主题是气候研究、自然危害、冰川模拟、永久冻土层（permafrost）、能–冰（energy-ice）交互作用、寒冷气候工程、低温层海洋（cryosphereocean）–大气模拟，以及生物和物理海洋学中的难题。

胡安·G. 勒雷德尔（Juan G. Roederer）指出了与应用的稳固联系是如何引起北极科学碎片化的，"……在北极的许多研究需要与政治、经济和军事利益联系在一起。这使得国际合作困难；在某些地理区域或研究领域，当研究发现被各国政府或工业公司归类为敏感或专利时，合作变得不可能。即便在单个国家中，北极研究问题也可能证明其具有社会性的或政治性的敏感性。需要解决此类国内冲突的研究，例如工业发展对北极环境的影响，或者西方对土著文化和生存生活方式的影响，不可能不在与此最相关的北极社会中引起强烈的政治争议"②。

在南极，关联性压力没有这么大。在那里，任务导向以长期瞄准基础研究的形式而存在③。我们得到的是经常被称之为"战略研究"的东西④。勒雷德尔给出了下面这样的定义："战略研究乃可能有在应用中获得长期（例如25年）收益的研究。即便不是全部，大部分投入也源自最初准备好总体性改进知识的研究。"

它相当于进行这样的努力，即使得"某一学科中的发展在科学研究中取得预定但不限于一个目标"的方向发展⑤。外部研究动力被转变并被内化为基础研究计划

① Young, 0. 1986. The age of the Arctic. *Oceanus* 2910–11，涉及军事部门的新技术。

② Roederer, J. G. 1978. University research. Competition with private industry? *The Northern Engineer* 9, 26–31.

③ Walton, D. W. H. （ed.）. 1987. *Antarctic Science*. Cambridge University Press, p. 250

④ 有关讨论，参见 Irvine, J. and Martin, B. 1984. *Foresight in Science. Picking the Winners*. Francis Pinter, London.

⑤ Bohlin, I. Modem polarforskning. Anteckningar om dess samhalleliga roll, *VEST. Tidskrift forvetenskapsstudier*（G6teborg）8, 25–35.（瑞典语）

的议程。

然后，就南极而言，基础研究的地位一般比在北极被给予更中心的位置；而且当出现时，任务导向以目标性或战略性的研究形式而存在。这是因为政治环境的原因。收益中是有关气候变化、构造地质学、资源管理和与低纬度相关的应用知识的增加。然而在某些例子中，《南极条约环境保护议定书》的采纳和当前对监测活动的强调，可能给它带来易于削弱基础研究地位的强大压力。各种各样的科学家团体都已对此表达了关注关切。令人担忧的也有这种思想，也即将来对环境保护的关注，可能被理解为给出了更好的政治收益而非对纯粹科学的聚焦。

科学与政治之间的交易

在南极，由于《南极条约》暂停领土申索并使科学成为进入决策俱乐部的入场券，研究代表了一种象征性的资本[1]。存在一种与政客们进行的特殊交易，因为虽然科学家们被提供资金做研究，但是在做这一研究的时候，他们也履行一项政治任务，目的是在地缘政治场上促进他们自己国家的国家利益。在这样做的时候，他们能够影响科学的发展。大致来说，人们可能说，只要科学家们就在南极，政客们不需要太担心他们的科学家们做的哪种工作，并且人们还可以显示"重大研究工作"正在继续。虽然象征性的价值恰恰主要在于一个国家的科学家在这个寒冷的大陆上，但当然，得到国际承认的高质量科学，提高了该国研究在政治领域中的象征性价值[2]。虽然假以时日，后一种情况变得更加重要，但这种情况可能是国与国各异，结果取决于主要的政治气候、国家的科学政策理论，以及最主要的动因。在有些例子中，一国可能渴望加入俱乐部，以影响国际科学的进程。

外部关联性和责任压力很容易扭曲科学的优先顺序。虽然在北极圈国家里这是主要的科学-政策问题，但是我们在南极也找到了对此的参照："政治在南极事务中起主要作用，而且必须预计得到的是，在有些国家选择支持哪些科学活动的时候，政治考虑将不可避免地介入。基于纯粹的科学立场，过去20年的证据表明，在有些案例中，大量的金钱被用于支持一些差劲的科学目标的项目，或用于协调很糟糕且明显代表无计划无系统努力以填补我们显而易见的知识空白的活动"[3]。在有些案例中，辞藻华丽的研究活动的意义可能对政客们而非对这些活动的实际科学价值更重要。因此，让科学家们或多或少地遵循自己的想法（follow their own heads），并因此

---

① Roederer, J. G. 1978. University research. Competition with private industry? *The Northern Engineer* 9, 26-31.

② Bohlin, I. *The Motive Structure in Contemporary Polar Science*. 在 "The Study of Science and Technology in the 1990's" 会议上陈述的论文，joint conference of the Society for Social Studies of Science and the European Association for the Study of Science and Technology, Amsterdam, November 16-19, 1988.

③ Walton, D. W. H. (ed.). 1987. *Antarctic Science*. Cambridge University Press, p. 61-64.

自然产生质量好的基础研究的声望的形象化描述，并不总是符合事实。鉴于这样一个事实，即虽然在南极做些事情的冲动可能很大，但由于极地研究昂贵且预算有限，因此就有了机会主义的滋生地（breeding ground for opportunism）。在极地研究计划评估中，从内部标准向外部标准偏离的趋势必须在科学共同体中不断进行反对。标准混合易于削弱研究结果的质量；由于内部评估不予重视，快捷"利用"具有优先性，因此虽然理论工作就长期而言是重要的，但却处于不利地位[1]。外部工具性驱动力的动因越强，这一现象就越明显，即极地科学家将不得不对内部与外部标准进行区分，以便确定科学领域的有限性。围绕外部动因，发现科学家的亚文化群（subcultures）与规划者、政客、行政官员、官僚以及商人搅在一起，这种现象并非不寻常。这些"杂合而成的"（hybrid）研究共同体形成它们自己的价值模式、标准、对结果进行评估的模型，以及可能的声望制度和职业模式，因而部分地与那些以学科为中心的学术研究共同体不同。后者坚持科学共和国（the Republic of Science）的道德观，因而重视同行评议、重视研究议程的决定以完美地同全世界同行不受拘束的对话中互动的方式而做出。事实上，在不同的思想流派之间存在权力斗争；但是在基础研究中依然有共同利益。另一方面，在"杂合而成的"共同体中，研究议程的外部决定和至高无上的社会或政治关联性，则属于议事日程（the order of the day）。学术共同体与"杂合而成的"研究共同体之间的相互交缠与日俱增。

属于学科共同体的科学家们，对于他们在会议上作为专家顾问的角色并不总是满意的，因为在那里官僚和政客占主导地位。围绕外交谈判的秘密也因自由交换信息的理想而与科学道德观气质相左。还有对南极条约各协商国或多或少地把南极科学研究委员会看作是"他们的"科学秘书处的方式感到恼怒，因为这使得业已捉襟见肘的财政资源进一步枯竭[2]。

在极地研究中，由于涉及极度耗费，标准和社会控制机制尤其重要。气候条件和物流，负载成本，非同寻常的运输模式，对设备的维护以及测量仪器可靠性的极端要求，所有这一切都要求在科学计划的挑选、规划和实施中特别细心和严格。这意味着不同学派之间、学术界与"杂合而成的"共同体之间的竞争可能变得激烈。

南极科学研究委员会的双重角色

基础研究或由好奇心所激发的研究与战略研究之间的区分，在南极科学研究委

① 进一步的讨论见 Elzinga, A. 1985. Research, bureaucracy, and the drift of epistemic criteria, in *The University Research System. The Public Policies of the Home of Scientists*. Wittrock, B. andElzinga, A. (eds). Almqvistand Wikselllnternational, Stockholm, p. 191-220.

② Walton, D. W. H. (ed.). 1987. *Antarctic Science*. Cambridge University Press, p. 59.

员会的结构中得到了体现。一方面，作为国际科学联合会理事会的成员组织，南极科学研究委员会促进了南极研究计划中的信息交流、沟通，并鼓励合作。另一方面，在其自身的倡议中或因应要求，南极科学研究委员会与南极条约体系互动并为南极条约体系的会议提供重要的投入。后者是一个"杂合而成的"研究共同体出现的有趣例子。在以任务为导向的科学领域中，这并非一个非同寻常的现象；就大科学（Big Science）而言，这种现象尤其明显。

尽管如此，南极科学研究委员会还是促进了基础研究的加强。成立一个北极极地科学的类似机构，可能有助于抵消北极地区业已存在且远为强劲的偏向应用和以任务为导向的科学这种态势。

南极科学研究委员会中的学科团体围绕总共 9 个群体中的专家存在，例如，高空大气物理学、生物学、人类生物学与医药、海洋学等。这些专家群体密切注意科学中的学科边界，而他们的问题议程则是在国际科学共同体里内部产生的。除此以外，南极科学研究委员会还组织特定的专家群体。他们的特点是跨学科的，而且他们形成了"杂合而成的"共同体的中心，因为他们的问题议程乃是受到外部动因的影响。那些话题意味着他们的授权包括相当数量的战略研究：南极气候研究（Antarctic Climate Research）、环境影响（Environmental Impact）、海洋研究（Sea-Studies），海豹（Seals），以及南大洋生态系统（Southern Ocean Ecosystems）。这些是特定群体的名称，因为这些问题领域似乎受到环境动因、资源管理目标，以及公约执行所需知识的推动；这些问题有些是在《南极海豹养护公约》（从 1972 年开始）中，有些则是在《南极海洋生物资源养护公约》（CCAMLR）中。后者拥有自己的科学咨询小组。由于《南极条约环境保护议定书》，一旦这一机制建立起来，我们已注意到一个特别科学和技术专家咨询委员会就将成立。

对可再生资源（例如牲口，以及未来的冰山）和到目前为止的不可再生资源的利用和管理，这包括对有关大规模勘探利用带来的可能影响的未来瞻望，以及对有关板块结构学、矿化过程、沉积学和地层学等更加基础性研究的未来瞻望。

关于海洋资源管理，南极科学研究委员会在更早的时候倡议了一项计划，以促进有关南极海洋系统结构和动态功能运行方面的知识。这一战略性研究计划在首字母为 BIOMASS，即南极海洋系统及生物种群调查计划（program for Biological Investigations of Marine Antarctic Systems and Stocks）下进行；该调查计划是在 20 世纪 70 年代中期组织起来的，并于 1992 年在不来梅哈芬的南极科学研究委员会研讨会（a SCAR symposium in Bremerhaven）上完成了其使命。虽然这一战略研究计划对在许多不同领域中所做的工作进行协调，但是最终目标却是对生物资源进行管理，这些资源现在或将来可能被商业利用。

结束语

当《南极条约》在 1961 年生效的时候，焦点是在对南极大陆的和平利用和国际科学合作。今天情形依然如此，虽然已增加了更重压力，首先反映的是经济动因，然后是环境动因。这已经导致几个挑战目前的《南极条约》机制管理理论的出现。

人们把《1972 年斯德哥尔摩联合国人类环境大会宣言》（The Stockholm Declaration of the United Nations Conference on the Human Environment 1972），当作是自然环境保护主义趋势（conservationist trend）的象征。该宣言的第 21 条规定，各国应采取措施防止损害他国或其管辖之外的地区——当然，有些国家的政府否认南极在其管辖之外。与这一原则一致，出现了把南极选定为"世界公园"的思想。1975 年，新西兰在一次南极条约协商国会议上把这一想法摆到了台面上。后来，一些环保主义组织把这一思想当作口号，以动员起来反对《南极条约》，并为一个既不同于《南极条约》又不同于"人类共同遗产"思想的替代性安排而工作。更近的时候，来自 1972 年斯德哥尔摩宣言的一些原则在 1992 年里约大会上得到强调；而在南极，《矿产公约》已被废弃以支持《南极条约环境保护议定书》。这为新的同盟打下了基础，这一次是在科学家与环保主义者之间。

就像我们已表明的那样，近些年里这一事件及其他事件，已增加了南极和在那里所进行研究的能见度。到目前为止，由于目前的政治机制的性质，基础研究依然有着非常稳固的地位。这与北极的情形有着重大区别，因为在北极对主权的行使、经济利用、军事扩张，以及各种其他因素，强有力地将科学向应用方向拖拉，其结果是知识生产的严重碎片化。为了维护有利于人类大多数而非仅仅少数的科学成长，有意识的科学政策在南北极地区都是需要的；环境是一个突出的议题，因为围绕这一议题，有望能够开始取得人类的团结。

第二部分

科学在南极条约体系中的
功能性作用

第二章 科学在《南极条约》谈判中的作用

——根据近期事件进行历史回顾

芬恩·索利（Finn Sollie）密切参与了 1959 年《南极条约》的起草工作，该条约于 1961 年生效，被 12 个国家所采纳。在他的发言中，他对这个事件的背景和那个深夜戏剧性的谈判做了一些个人反思，并认为在这次谈判中，科学家发挥了重要作用。他的主要观点是，科学实际上是使该条约成为可能的关键因素。没有科学，就不会有《南极条约》。

历史背景

索利讲述了 1958 年 12 月下旬的国际形势，当时冷战的气氛笼罩着世界，这同时也影响了"南极问题"。传统上，人们对南极大陆的兴趣是由其潜在的海豹和鲸鱼资源驱动的，因为毛皮和鲸油在国际市场上的价格高昂。科学是伴随着这些资源开发兴趣而来的。随着民族主义情绪的激增而引起的紧张局势引发了第一次世界大战，在南极，取而代之的是提出和捍卫领土主张。领土主张的背后是经济和政治动因：捕鲸及捕鲸站基地，英国的征收鲸油税权利。当然也涉及国家声望的因素。

像挪威这样的国家，其实对在南极大陆上提出领土主张的要求并不真正感兴趣，但最终还是在 1939 年这样做了，对毛德皇后地（Queen Maud Land）及其周围沿海地区提出主权要求，以取代纳粹德国的领土主张。这些水域曾经是挪威捕鲸的地方，挪威想确保自己能够进入的权利。原本挪威的政策一直希望维持"公地原则"，所有人都享有进入的机会。这与美国的立场相类似。美国方面则只承认有效占领作为领土主权主张依据的原则。但在 20 世纪 30 年代后期，美国仍然制定了一项隐秘的计划，以鼓励其科学家，例如在伯德（Byrd）远征期间，丢下一些装有文件的罐子，用作将来可能的领土主权主张依据。

英国政府于 1908 年在南极半岛地区提出领土主权要求时，新独立的挪威人缺乏税收知识，也缺乏其他有关南大洋无人占有区域的领土主权知识。大英帝国至高无上的地位及其在此类问题上的经验无疑使其占有优势。挪威的政策希望这里是块公地，而不是自己的主张领土，因此两国在主权主张问题上并未发生根本冲突。然而，大约30年后，智利和阿根廷也在南极洲提出领土主权要求。

从世界大战到国际地球物理年

随着第二次世界大战的爆发，南极地区的军事战略利益浮出水面。传统上对南极的兴趣是经济、科学和政治上的，以及提出领土要求时的行政和法律方面的（这需要法律和许可知识，这也刺激了相关研究，例如在挪威的案例中）。现在德国人开始在南大洋部署潜艇，英国人还担心德国人可能会在那里建立一个军事基地。而且，当英国卷入北半球的战争中时，智利和受德国人影响的阿根廷（Germanoriented Argentine）对英国视为其"扇形区域"的领土提出主权要求，这挑战了英国对这块南极领土的主权权利。早期英国在南极半岛地区建立考察站，直接动因就是巩固英国的领土主张，智利和阿根廷人也这么做。到战争结束时，美国也表现出对南极地区强大的军事战略兴趣。

新出现的空军力量使南极大陆更容易进入。原子弹新技术的发展也使军方有兴趣将这个遥远的地区作为测试原子弹爆炸的场所。此外，战略家们认为下一场大规模战争的舞台将是北美面对苏联的北极地区，这需要在寒冷的气候条件下进行军事演习，促使他们不仅对北极地区而且对南极地区也有兴趣。最后，随着核反应堆的出现，南极有可能成为核废料倾倒的场所。

对南极地区新出现的这些兴趣，使有关南极洲的政治体制（political regime）讨论更加丰富多彩。美国以保持对盟国开放南极大陆的基本思想为基础，启动了一个计划，要求建立七个领土主权要求国加上一个美国（7+1）的共管体制，苏联被排除在外。该计划适得其反。它遭到英国以及英联邦国家的澳大利亚和新西兰的反对。当然也遭到了苏联的反对。苏联已经开始在南大洋增加捕鲸船队以增强其影响力。在20世纪50年代初期和中期，"南极问题"在政治上已经无法解决了——许多国家在领土主张上不和（英国，智利，阿根廷），在军事战略利益有竞争（尤其是美国和苏联）。在这场竞争中，科学成为各国相遇的共同之地。

1957/1958年国际地球物理年不仅对产生它的科学至关重要，而且也有助于化解冷战时期南极洲的政治紧张局势。从1948年开始的僵局被打破。

科学合作和外交

芬恩·索利指出，英国、挪威和瑞典前往毛德海姆（Maudheim）的探险是国际合作的典范。这对国际地球物理年的合作有重要意义。"南极科学之父"劳伦斯·古尔德（Lawrence Gould）等命名为"毛德海姆"模式。苏联阻止了国际地球物理年在北极的合作，这反过来使得国际地球物理年在南极的合作更加重要。

幸运的是，那些参加《南极条约》谈判的人受到国际利益的驱动，而不是目光短浅的国家利益的驱使。五角大楼对保持南极洲进行核试验场所非常感兴趣，但这在谈判的最后一晚被避免了，这特别归功于阿根廷、澳大利亚和新西兰的反对。美国在阿拉斯加有一个核能使用计划，既有民用的试验，也有军事的试验，因此有能力将核试验带进南极大陆。

从《南极条约》的文本中可以明显看出，核和原子弹问题在当时是一个重大问题。然而，科学则成为关键问题，科学的要求创造了条件：自由进入南极领土，自由使用，自由交换信息，允许任何成员国的科学家对任何基地进行检查，允许科学家的联合计划和执行活动。所有这些以科学为导向的原则都违背了国家的法律和政治要求。因此，《南极条约》界定了一个独特的国际制度。

保罗·丹尼尔斯（Paul Daniels）在谈判中发挥了重要的作用，他组织了一个非政治团体（科学家和行政人员）举行了8~9个月的会议。这个小团体找到了通往这条路径的原则：第一，仅用于和平；第二，科学交流的自由应按照国际地球物理年的规定继续进行；第三，领土主张不应被肯定或否定，这与国际地球物理年科学活动中所运用的原则相同，即不应将这些活动用于确认或拒绝领土主张；第四，独特的协商程序，每隔一段时间举行例会以通过一些建议，这些建议在获得各国政府批准后将成为法律。在当时这一谈判过程中，由于外交官对南极洲及其事务知之甚少，科学家们发挥了巨大的影响力。

理查德·刘易斯（Richard S. Lewis）和菲利普·史密斯（Philip M. Smith）在《冻结的未来》（New York，Quadrangel，1973）一书中对《南极条约》早期的历史有深刻的见解。

自然资源利益

自然资源的问题出现在1970年的东京会议和1972年的惠灵顿会议上。1973年，奥斯陆的南森研究所主办了一次关于矿产资源和矿产权利问题的私底下会议，这一问题是如此艰巨，以至于无法在那时就这个问题发表一个正式的官方声明。海洋资源问题在1975年出现，这要发表一个声明也很困难，但首先要解决这个问题（《南极海洋生物资源养护公约》）。《南极矿产资源活动管理公约》则花了更多时间来解决。在这里，海洋法大会很重要，科学家的作用也很重要。前者是因为它提出了新的法律概念和机构，这个机构是个混合物，涵盖了地球上已申索区域和未申索区域，而后者则是因为科学家们提供了专家意见作为决策的基础。

关于南极洲的一些数据

南极洲占地球陆地表面积的10%。夏季,只有5%的沿岸地区没有冰

距离	
南美洲	大约 1 000 千米
南非地区	大约 3 700 千米
澳大利亚	大约 4 000 千米
陆地面积	12 393 000 平方千米
包括陆缘冰的面积	13 975 000 平方千米
无冰区	200 000 平方千米
最大冰盖厚度	4 335 米
陆地平均冰的厚度	1 730 米
如果南极所有的冰都融化了地球海平面升高	60 米以上
横跨南极大陆山脉的长度	4 100 千米
大陆最高峰——威森山的高度	5 140 米
已测最低温度,东方研究站(1983年7月21日)	−89.2℃
平均温度比北极平均低	30℃
重力风速可以达到	约 300 千米/小时

第三章　《南极条约》中的科学发展/政治结合点及科学建议所起的作用

奈杰尔·邦纳（Nigel Bonner）从事南极科学研究时间很长。目前，他是南极科学研究委员会环境事务与保护专家组（the SCAR Group of Specialists on Environmental Affairs and Conservation）的召集人，在此过程中，他在有关环境和科学政策的讨论中发挥了积极作用。邦纳在他的演讲中回顾了南极探险的历史以及科学的进步。

政治维度

奈杰尔·邦纳指出，早期的一些探险活动主要是由民族主义的野心和声望而激发的，因而在科学成果方面收效甚微。阿蒙森探险队（The Amundsen expedition）在此方面表现得最为明显。奈杰尔·邦纳还告诉我们，英国从鲸油生产税中获得的收入来资助科学研究，尤其是与南大洋鲸群福祉（to the welfare of whaling stocks）有关的水文地理学和生物学研究。英国"发现"号探险队基本上是出于对资源管理的关注而收集了大量数据和积累了丰富的新知识。因此，经济动因孕育了科学动因。

第二次世界大战期间以及战后，政治成为主要决定性因素。政治因素促使英国采取行动保护其军事战略利益，反对智利和阿根廷。1943 年，塔巴林行动（Tabarin Operation）启动，这是一项军事情报行动，后来转变为民用行动，即福克兰群岛属地调查（Falklands Islands Dependency Survey）。战争结束后，在福克兰群岛属地调查的所在地成立了英国南极调查局（the British Antarctic Survey），这标志着随着时间的推移，科学在南极的地位日益突出，并成为南极引领性的活动。这个过程并不是一帆风顺。1952 年，阿根廷人的子弹从英国科学家的头顶上飞过。在英国、智利和阿根廷的地图上，从各种地标、岩石、海峡等的名称也可以追溯到竞争对手之间的利益争斗，一个国家争夺某个地方的做法是不承认另一个国家给这个地方的命名和附加地标，反之亦然。

20 世纪 50 年代，地球物理学成为将所有科学主题集中到南极洲的学科。这就是国际地球物理年，在此期间，在 60°S 以南建立了 47 个科考站，在这条线以北建立了 8 个科考站。在国际科学联合会理事会（the International Council of Scientific Unions）的主持下，成立了科学研究科学委员会（the Scientific Committee for Scientific Research），为科学家提供了一个国际协调机构。这是 1959 年起草的《南极条约》发展过程中的重要因素。该条约延续了国际地球物理年的惯例，并将其转变为一项原则，即冻结有关领土主张并确保科学信息自由。

环境保护与资源利益

《南极条约》反过来为环境保护奠定了基础。该条约没有明确规定保护环境的措施，但是暗含着一种环境保护论的理念，例如禁止倾倒核废料这一条就体现了这一理念。在 1964 年布鲁塞尔南极条约协商会议上，明确采取了一系列保护动植物的措施。这些保护措施是基于南极科学研究委员会制定的一系列保护主义原则。在随后的几年中，随着南极科学研究委员会扮演着重要的咨询角色，人们对环境保护的关注日益增加。南极科学研究委员会的会议在偶数年召开，南极条约协商会议在奇数年召开，这是一种建设性互动的安排。在这些年的会议中，通常由一个小的核心小组牵头——新西兰、英国、挪威和美国构成核心小组的核心。

20 世纪 70 年代，人们对自然资源产生了兴趣，包括海洋资源和矿产资源，这带来了《南极条约》的成员国数量增加，在 80 年代这一发展势头尤其值得注意。在这十年中，环境意识也构成南极事务的主要因素。绿色和平组织将注意力转移到南半球，并最终在南极洲建立了一个由四个人组成的基地。与此同时，南极条约协商国在矿产资源问题上苦苦挣扎，它们对南极和南大洋联盟以及绿色和平组织附属的环保组织极其厌恶。奈杰尔·邦纳坚持认为，环保组织成功地破坏了矿产资源管理公约。随之而来的是一系列新的冲突，各协商国围绕环保指南应采取什么样的形式进行了讨论：公约（澳大利亚、法国、比利时、意大利希望签署一个公约）、议定书（美国和英国的立场）或介于两者之间的某种折中协定（新西兰）。美国方面的非外交手段推迟了谈判，最终达成了《南极条约环境保护议定书》。

南极科学研究委员会的衰落

南极环境保护的发展导致了南极科学研究委员会作用的式微。与《南极条约》创建之初以及最初的几十年相比，科学的作用已经没那么重要了。南极科学研究委员会位置下降的同时，南极海洋生物资源养护委员会成立了附属于它的特别咨询机构，现在新的环境保护议定书将拥有自己的咨询机构——环境保护委员会，这基本上是政治性的机构。后勤组织（南极科学计划的管理者）——南极局局长理事会也被赋予了更强的地位。邦纳认为，科学家完全有理由担心环境法规对科学的影响。

他说："科学家担心环境法规影响科学并不是偏执。"他列举了几个例子，说明从未在南极洲待过的官僚们默许了相互矛盾的法规，阻碍了常规的科学活动。如果他们对南极的环境哪怕有一丁点的了解，这种愚蠢的法规都是可以避免的。

另一个问题是南极科学研究委员会的双重角色。一方面，它协调科学研究，另一方面，它仍怀有向条约组织提供基于科学知识的建议之雄心和使命。然而参加条约会议的科学代表必须通过其代表团团长发言，这意味着争议的问题有可能变了调，事实性的知识在某种意义上应服从于政治人物和政治专家所定义的政治议题。南极科学研究委员会在这里进退两难。一方面，参与政策顾问身份构成了科学家资源和精力的浪费，他们本可以更好地将时间投入到基础问题研究上的；最重要的是，"建议"往往被淡化以适应政治议程。另一方面，如果南极科学研究委员会放弃咨询职能，它可能会变得更加边缘化而失去影响力，官僚和政治人物可能会更偏离方向。还有另一危险，即将成立的环境保护委员会，其任务是评估科学研究活动对南极环境的影响，甚至可能不会征求南极科学研究委员会的建议。

南极科学研究委员会当前还缺乏基础设施来有效回应所有的咨询请求。年度预算只有 25 万美元左右，依靠区区经费要将世界各地的科学家们召集在一起，就显得捉襟见肘了。数据的存储和有关数据的处理政策是另一个尚未解决的突出问题，这需要更多资源以应对。也许建立一个永久性的《南极条约》秘书处可能有助于缓解一些基础问题，从而使南极科学研究委员会有机会在南极条约体系内相对于其他机构发挥更大的领导作用。这个想法得到一些支持。向条约提供独立咨询的规定是最为重要的。如果没有这样的建议，国际外交官可能会成为民粹主义思想和媒体操纵的俘虏。

总体结论是，很遗憾，多年来，南极科学研究委员会每况愈下，一直在逐渐失去影响力。一种新的秩序的引入是很重要的，这种秩序需明确指出南极洲是一个自然保护区，旨在和平与科学，但是必须与正在工作的科学家密切对话来制定实施法规，南极科学研究委员会是代表科学，因此，必须强化之。

奈杰尔·邦纳注意到，在环境议定书的原始草案中，赋予南极科学研究委员会的作用比在最终版本中的作用更大。在最终的议定书中，关于南极科学研究委员会的作用的措辞被淡化了。这反映了当时的总体趋势。

在此演讲之后的问题讨论中，学者们提出了南极科学研究委员会是否应该放弃其"政治"角色。在科学圈内，有些学者持这种观点。部分原因是科学家不能给出独立的建议，这种情况令人沮丧，因为他们必须通过该国政府代表团团长在南极协商会上发言。如果有人承担了这一结果，那么南极科学研究委员会只进行科学研究的方案可能是一个有趣的替代选择。也有一些政府明确表示他们不喜欢非政府组织参与政府事务。在协商会议上，越来越多的国家要求获得政治上的优势，获得良好的科学建议并不总是符合其最大利益。在当前南极条约体系的结构中无法提供最佳建议。问题是还可以考虑其他结构。

对科学未来的不同看法

与此同时，近年来南极科学研究委员会自身也在讨论南极科学战略并提高其知名度。在这一过程中，南极科学家团体内部本应在政策问题上形成更清醒的意识，这些人开始将其研究活动和知识生产与某些主流学科和专业的研究前沿更紧密地整合在一起，这要归功于一些全球性项目。可以说，南极科学从概念上和研究政策上都在全球化。

在科学界之外提高南极科学研究委员会的知名度的雄心不是很成功。1991年9月23日至27日在不来梅举行的"南极科学—全球关注"的会议证明了这一点。这次会议是由南极科学研究委员会举办的，其明确意图是在这次大会上接触环保主义者和大众媒体，以消除他们对南极活动的误解，展示正在开展的广泛的研究工作，这些研究工作将为一些最为紧迫的问题提供知识——地球气候的全球变化以及其他重要参数。但事实证明，科学界以外的人士出席不来梅会议的不多。

不来梅会议也提出了一个问题，那就是作为全球关注的环境在多大程度上可以取代反映在军事战略利益底层的东-西方竞争，或者取代矿产资源和碳氢化合物的诱惑。关于这个问题，科学家意见分歧。一些人认为，这种外部刺激从来都不是优良南极科学背后的主要驱动力。另一些人则认为，经济、政治和其他外部利益作为一个大的背景很重要，冷战的结束可能意味着政府方面没有更大的动力将科学作为维持该地区存在的手段。在过去的岁月里，对矿产资源和碳氢化合物的追求通常也不被视为同等强大的驱动力。

最后，还有一些乐观主义者认为，新层次的环境意识是一种新的有效力量。

第四章　相关压力和研究的战略方向

安德斯·卡尔维斯特主持瑞典极地秘书处的工作，该秘书处涉及的极地研究工作包括瑞典极地研究计划、协调和实施，各种运营和管理，以及瑞典极地探险的后勤职能。卡尔维斯特以这种身份，且有应用数学和系统分析的背景，一段时间以来，他一直在思考南极科学中不同动因因素之间的相互作用，以及这些因素对研究绩效的影响。

极地研究的外部决定因素

卡尔维斯特在他的演讲中区分了推动科学发展的内部和外部决定因素。关于第一个方面的决定因素——内部因素，理论工作和经验观察之间的关系很重要。此外，南极科学与其他科学领域和专业的关系也是决定研究议程的重要因素。

关于第二个方面的决定因素——外部因素，确定了两种不同的背景：政治背景和行动背景。在后者中，各种决定因素在探险等的计划和执行中起作用。这些因素以不同的形式出现，但处理它们的一种方法是根据在运作模式下必须遵守的各种标准来表达。下面列出界定探险的重点和内容的五个作业标准：

——作业的道德可接受性
——实施人员的安全性
——成本效益
——作业的技术可行性
——环境稳健性（作业对物理环境的影响程度）

关于政治背景，卡尔维斯特认为，随着冷战的结束和环境问题取代了较早的政治问题，为自身利益进行研究 [即在南极不缺席（i. e., to be present）] 的外部压力正在部分减弱。这也符合过去十年对矿产资源的浓厚兴趣，它还充当进行基础研究的外部压力。在《南极环境保护议定书》中，有关矿产资源的活动被终止。

向环境转向

卡尔维斯特预测，随着环境问题取代了过去的军事战略、政治和环境问题，我们现在面临着一种情况，南极影响力的政治表达将采取其他形式。科学不再是南极条约体系框架内的关键因素。这已经很明显地表明，建立科考站不再是进入南极协商会议或南极科学研究委员会的第一要素。

今天，我们更关注结果的获得，涉及环境问题时想获得的科学的答案，这些环境问题直接关系各国政府之间关于全球污染控制和生态安全的政治谈判。因此，要求科学家准确陈述未来海平面上升的程度，南极冰盖可能融化的速率或者如果臭氧空洞稳定，其将达到何种程度以及这对人类和动物生命意味着什么，极地大气层和冰冻圈中存在着什么化学物质和其他人造污染物的痕迹。这意味着监测和任务导向的科学将在传统的内部驱动基础研究形式中占主导地位，因此南极洲现在仍然存在且在将来继续存在基础研究的空间［例如，日光研究（solar research），南极点上空的天体物理学，等等］。

在未来，我们将看到在南极现场工作的科学家较少，而新闻工作者、作家、游客等相对来说则较多。南极野外工作人员的减少，部分原因是高科技的进步。在未来，电子传感器和自动观察站、机器人和卫星将取代人类现场观察者。因此，卡尔维斯特看到了高科技和旅游业的扩张，他发问道，这对政治和科学意味着什么。这意味着科学的影响力将会下降；南极科学研究委员会的命运也许反映了这一普遍趋势，而这一趋势正随着对《南极条约环境保护议定书》的强调而进一步加深。

从两边挤压科学

回到整体视角，卡尔维斯特画了一幅图，将科学描绘为受到两边的挤压，一边是政治，另一边是作业/后勤。

这些方面的区分也在南极条约体系内部制度化了，南极条约协商会议、南极科学研究委员会和南极局局长理事会各司其职。

我们已经研究了政治舞台，它已经转向环境问题，并在科学舞台上引起了广泛的反响。现在，我们仔细地思考一下科学舞台。理论工作和经验观察之间是什么关系？一方面，南极科学与学科科学（disciplinary science）是什么样的关系？另一方面它与社会授权科学（socially mandated science）有什么样的关系？能洞察出一些发展趋势吗？

回答完这些问题后，我们就进一步重点讨论运营舞台。

极地研究的内部驱动力

关于内部驱动因素或本质驱动因素，卡尔维斯特发现，南极科学起步较晚，作为一个科学领域还比较年轻，并且在它易于进入的科学领域达到成熟之前，需要进行基础的经验研究。经验研究占主导地位是趋势。经验研究推动了理论工作，而不

36

是相反。这是归纳主义的研究模式。但是，最近科学界已努力扭转这一过程，因此，在理论层面上，数据积累与假设和概念化工作（conceptual work）紧密联系在一起。这至少以三种方式实现。一方面，这是一项有意识与国际计划相结合的需求所驱动的运动，诸如国际地圈生物圈计划（全球变化）之类的，南极洲的数据在其中起着重要作用。另一方面，在主观层面上，在主流科学各个领域的研究前沿，南极科学研究委员会致力于发展以理论研究为指导的协调和研究计划的战略。第三，技术因素，加上对海洋环流、大气和冰冻圈的复杂计算机建模，以及将它们与一般环流模型和气候模型联系起来的尝试，重新定位了模型或理论指导的研究工作。可以说，南极科学的"现代化"趋势导致了研究议程更多地由理论研究来驱动。因此，从经验驱动到以理论主导的研究是大势所趋。

这种趋势同时具有认知维度和社会维度。认知维度与方法论的变化有关，社会维度与组织和制度安排的变化有关。从更一般的层面上来看，这同一过程具有双重成分。一方面，南极科学与学科科学之间有着更紧密的结合，因此，"南极"方面的含义变得越来越不清晰，"极地研究"的概念也变得愈加模糊。

南极研究的张力

另一方面，存在着将南极科学与社会授权的非南极科学（socially mandated non-Antarctic science）融合的压力。近年来，这种趋势已经超越了与学科科学融合的压力。这是由于政治舞台的整体变化所导致的，与环境相关的努力和其他活动正日益成为主要事务（与早先关于从科学转向监测的评论相比），例如旅游业。问题是南极科学研究委员会有资助科学研究的任务，而这些新出现的活动并不总是被视为科学的，与此同时，其他机构也不会立即为环境影响评估以及诸如此类的活动提供资金。这给科学预算带来了额外负担。

对环境的日益关注也反映在运营舞台必须考虑的标准中。除了项目的技术可行性和成本效益问题外，在过去的几十年中，人们对工作人员的福利和安全有了更多的重视，现在除了这种环境影响评估外，已经成为一个明确的因素，有自己的标准。

卡尔维斯特坚持认为，与现代其他研究领域（例如医学）相比，项目的伦理可接受性标准不值一提，很少得到关注。但当捕获动物或研究南极研究人员群体的行为和健康时，伦理就会出现。

成本效益和高技术

至于安全性，对研究有新的限制和约束是长期以来的趋势。现在大多数国家都不大接受英雄时代的冒险式的和危险性的探险。例如，以当今的标准，斯科特和沙克尔顿是绝对不会被允许从事他们著名的探险壮举的。自从新西兰 DC-10 飞机在埃雷特斯山（Mt Erebus）坠毁以来，南极上空的民航飞行已经停运，而且人们对安全预防措施的意识也逐步增强。同样，随着高科技时代的发展以及与卫星连接的传感器的出现，早期狗拉雪橇时代的浪漫主义元素无疑已经消失了。当然，低技术方法和高技术方法之间仍然存在一定的张力。但是，机器人技术和自动化技术使我们能够在人类无法踏足的地方收集数据（例如，冰架下的远程潜水器）。

成本效益一直是南极研究中很重要的标准，因为后勤占用了很大部分的预算。今天，我们看到了大型科学、中型科学甚至是一些小规模现场作业的混合体研究。南极科学总体趋势是朝着约翰·齐曼（John Ziman）所说的"有限制的科学"（bounded science）方向发展，"有限制的科学"即上限限制了研发（R&D）分配的不断扩大。至于南极科学，资源的紧缺严重打击了其作业；与此同时，先进设备的发展使作业变得更加资本密集化。

技术上的可行性给我们施加了压力，要求我们向更小、更快、更高科技的作业标准方向发展。同时，伴随着自动数据收集、电子仪器和卫星依赖，新技术倾向于支持当前的重新定位，以进行更多的任务导向型研究和监测活动。这也允许有更多目标明确的项目，而投机取巧的项目则更少。

环境影响评估

引入环境影响评估和多用途管理计划（multi-use management plans）的理念意味着环境标准将在极地作业中占据更加突出的位置。许多南极研究考察站周围地区的环境污染和退化是先前的汇（sins）的累计，除了那些持续存在的活动，明确确定其行为适当外，其他的都必须得到处理。在某些情况下，这些更可能是美学上的污点，而不是真正意义上的环境退化。新考察站修建在完全不同的地方，废物循环使用，而且现在更多垃圾必须运回到它的来源国。这给研究经费预算带来了额外的压力。

环境标准问题呈现出不同的形式，取决于人们在哪一层面提出这一问题：

——政治（公众舆论，其他的压力）层面

——官僚行政机构实施（新规则）层面

——实践工作［处理以前的积累下来的汇（old sins），并以正确行为方式引导正在进行的活动］层面

最后，由现场的科学家和考察人员确定是否以环境无害的方式作业；"环境无害"的概念也为解释的灵活性留出了一些余地。

监测和安全

接着安德斯·卡尔维斯特发言后的讨论主要围绕着两个问题：监测和安全。

为什么科学家如此不愿谈论监测？为什么监测在某些科学领域被认为是不登大雅之堂（dirty word）的？

一个原因似乎是研究理事会（Research Councils）不支持被认为不是研究的活动。监测在常规的研究理事会委托资助范围之外。

另一个原因是内部同行压力和科学职业模式。监测可能不会产生在科学论文中看起来不错的结果，而这些结果可用来促进自己的职业生涯的。学术工作，包括博士论文在内，在科学内部议程中，需要一个将数据聚集产生研究问题的环境。留在学术科学主流中的职业路线和与管理机构等诸如此类的相联系的职业路线是有区别的。基础或学科科学家与混合研究科学家之间可能会有所区别，后者具有学术和非学术双重身份。如果把监测与科学中的理论问题联系在一起，它将获得更高的信誉；在诸如国际地圈生物圈计划（the International Geosphere-Biosphere Programme）之类的国际计划的背景下，监测和全球化的结合也许有助于价值体系的部分转变。

一些参与者坚持认为，道德可接受性是南极科学中确实应该起作用的标准。例如，您向谁出售您的服务？您向谁出售您的研究成果？这不是一个无关紧要的问题。生物伦理学也应运而生——在监测和处理与企鹅和其他动物有关的活动中会涉及。安全也是道德考虑范围之内。美国人禁止在某些情况下登山或在海冰上行走。英国人管理比较宽松，他们的哲理是这样的限制会遏制仍在南极科学领域进行探寻的年轻人的热情。

综合讨论

综合讨论是围绕着回顾已经推动和仍在推动科学发展的各种外部驱动因素而进行的，也回到了监测问题的讨论。

有人指出，资源开发并没有停止成为科学的外部驱动力。比如海洋资源开发的案例中，对资源管理的需求产生了很多研究课题。在这里，限制磷虾捕获量的不同方法可能会影响科学家作为政策顾问的角色，因此间接影响了科学议程。

1991 年是许多国家的另一驱动力。这是神奇的一年，许多人认为《南极条约》可能要接受审查，因此必须赶上末班车（get onto the band wagon before it was too late）。这促使一些国家发起南极探险并建立了一个科学考察站，从而有资格成为南极条约协商国成员，协商国成员就该大陆的未来做出决策。一些第三世界国家看到了南极潜在的矿产资源宝库，它们不想被排除在外。现在"1991 年问题"已经消失，并且禁止开发矿产资源的协议已经达成，因此这些驱动力暂时已经在很大程度上消失了。

正在变化中的科学概念

安德斯·卡尔维斯特坚持认为，对环境问题的关注使科学概念本身产生了"漂移"（drift）。在许多情况下，人们发现南极科学是一些大规模国际研究计划的组成部分，例如涉及南大洋的时候。在这种情况下，这不是监测程序的问题，而是与传统方法不同类型的过程研究。他们的结果可能为监测奠定基础，但不应与监测本身相混淆。因此我们这里的科学概念介于传统基础研究和监测之间。

荷兰加入南极条约协商国，但没有设立科考站，而是依靠其海洋科学的卓越表现，荷兰的案例证实了以另一种方式转变"科学标准"的定义。但这并不意味着对"实质性研究"的需求已经改变，仅意味着由于新的背景，这种研究形式允许新的选择。

一位与会者从这次讨论中得出了一个结论，重要的是，科学家要提倡什么是"科学"，什么不是。必须说服官僚们注意到南极科学的重要性，这与监测不同。后者可能适合于经验数据收集工作，但是全球变化带来的更长期挑战要求先进的理论工作和建模。这必须向官僚和政治人物明确。关于科学能为你自己的灵魂或国家威望带来好处的观点不会引起任何反响，即使它曾经对此产生过影响。

资金结构

奈杰尔·邦纳指出，来自研究理事会和行业机构的外部资金，如果需要对项目进行频繁的审查，可能会使科学偏离长期计划。科学家们往往将努力集中在一些较小的项目上，而这些项目可能没有人们想要的连续性，无法建立长期的丰富的知识或发展更深入的理论工作。每次来访（极地）做研究都必须要进行同行专家评审，这很麻烦。在某些方面，将资源集中在国家极地研究机构中会更好，因为它避免了这一问题，并允许较大规模的项目具有长期的连续性。

在瑞典，这是一个有趣的问题，以学科研究为基础的学术生涯制度与需要较长时期努力进行"极地"或"南极"研究之间存在着紧张关系。日本的极地研究所是个相反的示例，它表明资源大量集中在一个研究所可能会降低灵活性。当极地研究议程上出现新问题时，可能更难调整国家努力的方向，因为一个国家长期以来建立的核心能力存在着某种惰性。

新技术

几位与会者同意卡尔维斯特的观点，新技术是南极科学的重要驱动力。扬·斯特尔（Jan Stel）注意到了工作中的"技术驱动"（例如，遥感技术），并坚持认为20世纪90年代的科学家将需要新的工具。同时，这里也存在着困难，因为一些新工具产生的数据超过了计算机和人类能够科学地处理的范围。因此，这项技术推动了对重点研究以及理论或模型驱动的工作的需求。

并不是所有人都认为南极科学走向高科技的趋势是好的或者必要的。一些与会者反对南极科学研究这种机械化的画面：研究人员坐在自己国家的计算机旁，读着卫星传输、打印机打印出来的数据。巴里·海伍德（Barry Heywood）坚持认为建模只是科学的工具，它不会减少对现场科学家的需求。相反，现场科学家对于确定基线数据至关重要。此外，臭氧层空洞的发现应该是一个教训。它表明需要实地研究，有创造力的人可以提出事物研究的新视角。人类个体是南极科学研究中不可替代的因素。

另一个例子是，需要在南极地区航行的船只才能看到磷虾实际发生了什么，卫星无法告知这些情况。同样，需要科学家改变计划，为其他研究领域安排数据，例如在研究磷虾的运动中确定其储存量（科学家能做到这一点，而卫星就不一定了）。自动数据收集通常仅采用已为其编程的参数，这是气候学中有关一般循环模型某些争议背后的软肋，因为在特定模型与通用模型之间切换时，对于要忽略哪些参数或如何缩小或放大参数存在着分歧。

那些对南极研究机械化的可能性充满热情的人将其与太空情况进行了比较，在太空中，机器人在太空观测平台上做了大量的工作。这种类比立即遭到其他人的批评和拒绝，他们指出，在许多情况下，首先，太空探险努力中很少有科学，而更多的是技术开发或商业投机。其次，问题仍然在于，很多事情是无法通过仪器完成的，而且简单的技术故障也可能造成严重的毁坏，除非有一位科学家"坐在那里"（或者将太空望远镜固定在"那儿"）改变研究计划，以便人们仍然可以从修改过的计划中获得很多科学价值。如果不是因为发生许多不可预测的事情，必须安装仪器，故障必须在现场排除，人们为什么还要派技术人员到南极呢？！如果没有这些，南极科学的成本效益将大大降低。

不同科学领域之间当然也存在差异，例如，对海洋科学有用的方法可能不适用于地质学。在地质学中，仍然必须带一把简单的锤子进入山中。此外，科学家必须始终确定数据的相关性。至于自动化，应该以假设和建模工作为指导——这是一个共识。

安德斯·卡尔维斯特阐明他的立场并结束了这部分的讨论。他只强调一点，即我们面临的未来是，优先事项设置将比以往任何时候都更受技术驱动。这与大加赞美高科技的作用意思不同。

监测-科学及其他

奥拉夫·奥海姆（Olav Orheim）再次打开了监测话题的讨论。有人指出，监测一词对不同的人意味着完全不同的含义。也许应该对长时间进行的系列常规测量的定期观察与用于假设检验的数据收集以及最终由外部确定的任务驱动的检测之间进行区分。因此，有些人使用"监测"一词来检查某事或某物是否出了差错，例如，大气中铅颗粒的数量是否增加了。这不是科学。

臭氧测量是监测的一种形式。此类活动本身在科学界中声誉不佳，被认为是不好的科学。资助机构也不愿承诺资助这类长期计划。但是，如果这些活动与科学问题有关，情况就会改变。因此，一种活动和同一活动在一种情况下可能是"科学"，而在另一种情况下可能是"监测"。

一些与会者证实了这样的看法，即在向研究理事会申请资金时，监测不是一个推动因素，在同行评审的期刊文献中也是如此。即使在科学领域，也需要长时间观察才能确定各种参数的变化。仪器是需要开发的工具——无论是出于科学目的还是科学之外的目的，都需要在仪器方面取得进步。大规模收集数据系列还需要来自许多不同国家的科学家之间的合作，并且仪器仪表的发展要求科学家和工程师之间进行更紧密的合作。因此，从这个角度看，技术因素也是南极洲研究全球化和国际化的驱动力。

詹姆斯·贝姆斯（James Bames）批评了一些科学家所表达的低估监测价值的倾向。在他看来，监测遭到了不好的"抨击"。如果情况是，一方面指责监测声誉不佳，另一方面又同时需要监测的数据，这些数据对确定环境和气候变化的某些关键方面至关重要，那么，现在是不是需要另当别论了呢？因此，改变过时的科学理念更为重要。科学家一定要确信一个问题的关联部分必须被"监测"。监测对于建立基准是很重要的，可以据此对重要的环境和气候变化进行测量。

科学家应该更加积极发挥作用来纠正这种情况，以便监测成为人们可接受的科学研究的方式。不幸的是，贝姆斯指出，在《南极海洋生物资源养护公约》中，科学家对将监测升级到所需的程度一直迷惑不解。如果国家科学基金会（National Science Foundation）拒绝参与"导向性研究"（directed research），那么，科学家们应该采取一些措施来改变低水平的意识，因为这种情况已迫在眉睫。现在，美国国会迫于环保游说团体的压力，已经要求国家海洋和大气管理委员会（NOAC）投入资金用于监测，以填补这一空白。贝姆斯质疑为什么我们不对"导向性研究"投入更多经费呢！例如，在设置"磷虾捕获最高限额"（krill caps）的案例中，就非常需要进行此类的研究。"磷虾捕获最高限额"是个有争议的问题，由于缺乏必需的数据所支撑的知识基础，我们无法做出理性决策，而有些国家希望在这一问题上根本不设上限。

国际地圈生物圈计划中的南极部分呢——这与监测无关吗？无论如何，环保主义者都希望看到更多诸如此类的研究。

一位科学家反驳道，这是什么活动要监测和什么活动不要监测的问题。这完全取决于人们如何定义事物的背景和制度动因。问题的关键是我们不希望政客和媒体说三道四，监测这个监测那个。

第三部分

南极洲的科学是否正面临着
官僚主义加剧的前景

第五章　南极法规在法规-科学关系中的地位

奥拉夫·奥海姆（Olav Orheim）在挪威的极地科学研究领域中处于领先地位。他的研究重点是科学质量的持续性，并且他以对官僚和环保主义者的尖锐批评而闻名。他在其演讲中集中谈论了三个问题：南极条约体系中的科学问题、南极条约环境保护议定书以及关于南极生态系统脆弱与否的主张。

与科学结合

奥拉夫·奥海姆在回顾与南极条约体系有关的科学历史时指出，南极科学研究委员会的作用正日益减弱，与此同时官僚机构的作用却在增强，尤其是与已被用来调控自然资源和环境的公约有关。关于新的《南极条约环境保护议定书》，他指出，环境影响评估的引入并不全都是坏事，但是他主张科学需要获得一定的宽松度。最后，奥海姆重申了他关于南极生态系统脆弱性的著名观点，即这是一个误解，实际上，许多生态系统都非常稳健，并且不需要担心通过爆炸手段进行的地震探测所引发的企鹅和海豹的偶然死亡事件。

过去不存在现代意义上的监测活动。随着南极条约体系内部监管机制的出现，此类监测活动的数量开始增加，从最初的缓慢变化到现在的显著增加。同时，这种发展也削弱了南极科学研究委员会及其科学家的重要性。

各种公约的采用可以表明南极科学研究委员会所代表的科学界在南极条约体系中的作用正在下降。

当《南极海豹保护公约》出现时，南极科学研究委员会的咨询角色仍然没有受到挑战。因为专门的咨询委员会没有设立，而是由南极科学研究委员会凭借所需的专业知识为新公约的出台提供咨询服务。

在《南极海洋生物资源养护公约》的批准通过后，一个特别的科学咨询委员会成立，南极科学研究委员会的作用因而不如以前；与此同时，环境和资源监测项目也相应创立，影响着科学的性质。

自《南极矿产资源活动管理公约》颁布以来，专家咨询委员会继续就这一影响趋势做出相应规定。

在《南极矿产资源活动管理公约》颁布之后，《南极条约环境保护议定书》相继出台。至此，南极科学研究委员会的作用已经下降到更低的水平。与此同时，一个更为复杂的规章制度的出现，使得不同要素之间相互作用，并在环境监测的目标和其他应用活动方面可以进一步施加压力。基础研究工作者在南极条约体系中的地位也随之降低。如果说科学界的作用还可以有什么增强之处的话，那就是在法律科学和国际关系领域。该议定书促使这些领域发表大量论文，因为议定书在解读方面仍存在着一系列的问题，而且其解释度随国家情况的各异也会有所不同。此外，对议定书内容的强制执行方面也是一个微妙而复杂的问题。

南极科学研究委员会的未来

那么我们该如何应对这一大趋势呢？是南极条约体系应该更好地利用南极科学研究委员会，还是南极科学研究委员会应该承担现实正朝着完全相反的方向发展的后果？南极科学研究委员会在基础科学中的作用仍十分重要，但在与南极条约体系有关的方面，它能起到的作用正变得越来越反常。南极科学研究委员会的预算也很少，总的来说，只相当于德国新建造的诺伊迈尔站费用的 2% 左右；与南极条约协商国在其两年一次的会议上所花费的翻译服务费用大体差不多。

因此奥海姆的结论是，南极科学研究委员会应该走出政治界和科学界官僚的泥潭，专注于其首要任务，即代表着基础科学的利益和质量控制，并为所代表的科学游说团体发声。因而要使南极科学研究委员会非政治化，让它更好地关注自身利益和科学界乃至国际科学界的利益。

当然，讽刺的是，这种非政治化同时也意味着从官方政治和官僚结构中退出，也在相同的领域构建了南极科学研究委员会作为一个拥有自己权利的非政府行为体的实体。奥海姆没有明确表示，只是暗示了这是南极科学研究委员会摆脱其双重束缚的方式之一，非政治化意味着另一种隐含的政治化。这与我们在其他领域所看到的现象相似，例如在得克萨斯州建造一个超导超级对撞机的曲折过程。

在某种意义上，南极科学研究委员会是大科学的产物，但在组织和态度上，它遵循了小科学的理想。现在，大科学的特征也发生了变化，南极科学研究委员会必须抓住机会并发展出更清晰的特征。这本质上是基于奥海姆的立场所产生的问题：如何做到这一点？它证实了这样一个事实，即科学政策必须从一种认识论和政治科学的视角来看待。

南极条约环境保护议定书及其影响评估

关于新的环境议定书，奥海姆认为，其中的一些文本是政客们在操纵着媒体的环保主义团体的压力下做出的反应，这使得一些为科学而制定的规章制度超出了合理的范围，也超出了我们今天所掌握的知识范围。

同样的规定如果在过去，许多项目或探索会因此不得不选择放弃。因此，德国人最初到威德尔海域建立了一个科考站，但被各种困难的条件所阻止，然而探险队沿着海岸向北移动，最终在如今的位置上建立了一个科考站。他们本来对菲什内罗恩冰架（Filchner-Ronne Ice Shelf）进行了环境影响评估，新的议定书出台后，却不能在新的区域这样做。如果没有这样的文件，他们是否能够像现在这样成功实践是个问题。由此看来，科学需要行动力的释放，而不是被束缚在官僚体系的规则中。

另一方面，环境影响评估具有重要的积极作用。首先，它能够使我们做出更好的规划。其次，它可以让我们更加认真地参与国际合作。

该议定书还提到很多需要监测的方面，如果遵循这些要求，这将花费大量的科学精力，并将其束缚于更多的常规测量，以便适时地满足其背后的新的要求和政治压力。

环境游说者一直以单一问题为导向。他们举着企鹅流血之类的照片，把人类描绘成南极的邪恶力量。如果我们更近距离地观察到达尔文式的生存斗争，那里的海豹种群数量过多，每年约有100万只海豹死于自然原因，或者豹纹海豹在啃噬阿德利企鹅（adelie penguins），我们就会发现在南极洲，大自然本身比人类更残酷。从这个角度来看，因地震构造测验中炸毁而丧命的20只海豹并没有什么值得担心的。环境保护主义者应该从更广阔的角度考虑问题，并对其中的问题考虑均衡。事实上，他们不公平地利用人们的无知和怜悯，巧妙地利用大众媒体为他们的事业获取知名度。在这一过程中，他们描绘了一种片面的图景以至于对科学界造成了负面影响，无论是在公众舆论方面，还是在对政治家和官僚们施加压力方面，这些政治家和官僚们因为对真实情况不甚了解，出台了远超出合理范围的规则。

生态系统脆弱的观念也是一种假设。事实上，南极的生态系统非常强健，因为它们是在极端条件下进化而来的。生活在那里的动物有着有效的群体生存策略，即使个体在途中死亡，它们也能作为一个群体生存下来。

最后，对于那些没有去过南极洲的人来说，也许很难理解那里有多么广阔的荒野。科考站和例如冰芯钻探等的高科技项目对环境的影响永远不会超出当地的范围。如果一个人穿越大陆，在可能遇到其他科学考察队之前，必须走上几千千米。在一个小岛上确实有许多科考站，但不断地重复这一点是在转移人们对南极大陆上整体科考站偏少这一事实的关注。在那里，我们需要更多而不是更少的科考站，它们的选址应符合科学标准，以便产生最大化的科学价值。

第六章　科学在环境受规制的
南极所处的地位

詹姆斯·巴恩斯（James N. Bamesh）多年来一直活跃在南极事务中。他在"地球之友"和南极与南大洋联盟（ASOC）组织中起草各种文件方面起到了重要的作用，这些文件作为国家代表团的非正式投入，曾多次在南极条约协商会议（ATCP）上提交给科学家、行政人员、律师和外交官。也许他比国际环保运动中的任何人都更能在其他非政府部门中胜任顾问的角色。

科学家和环保主义者之间的不信任

詹姆斯·巴恩斯在演讲中提到了关于科学家和环保主义者之间的不信任问题。他认为，这在很大程度上是由《矿产公约》造成的，该公约造成了两个群体之间关系的水火不容。就环保团体而言，他们已经尽了最大的努力向国会提供科学知识。不幸的是，科学家们在这方面并没有表现出更积极的态度。当然，环境保护主义者的立场是要求更多的"指向性研究"，这是科学家们不喜欢的。然而在两者之间需要有对话和相互理解的空间。好在《南极矿产资源活动管理公约》已经消失，没有它我们会更好——对话和相互理解的前提条件变得更充分了。

在许多方面，科学家需要为这些坏消息负责。也许有些环保主义者在批评科学家时的观点是有失偏颇的，但科学家为什么能在自己与公众和政客的关系问题上如此沉默呢？南极科学研究委员会本应更积极地寻求资金的支持，并为自己的立场辩护。在这方面，科学界也许可以从环保人士那里学到一些东西。简单来说，在这方面科学界应团结一致，而不是诋毁和排斥环保主义者。

该议定书的颁布带来的新形势为科学家和环境保护主义者提供了合作的可能性，从而克服官僚主义的惰性，并获得更多的科学资金。这样的新形势还应促进更大程度的物流共享，南极科学研究委员会应鼓励各国政府考虑这一点。其中无法忽略的是，乔治王岛科考站的选址是基于短期经济和政治利益的考量。

在确保未来的新站点建立在科学标准的基础上，及反对政治的权宜之计和实用主义的方面，科学家和环保主义者都有着共同的利益。

国际科考站

关于国际科考站也有一些讨论。这是一个需要科学强有力的话语权来主导的领域。科学界对此需要清楚地阐明其立场。华盛顿的国会委员会无疑会对这样争论持开放态度，并希望听到更多关于这种可能性的相关意见（例如戈尔参议员）。如果科学家陈述他们的观点，他们将在环境保护主义者中找到现成的伙伴，以声援其为科学寻求更多资金支持的论点。环保主义者对此有两个重要的论点。一个是与全球项目相关的研究，如生物圈计划（IGBP），另一个是可以为与海洋资源管理的决策提供更好依据的研究。磷虾的冠名是个问题，因为这需要更多的科学信息，重点是对南大洋不同区域的精细研究。

不幸的是，在美国，国家科学基金会并没有对磷虾及其相关生态系统的研究提供帮助。因此在这里，领导角色必须由南极科学研究委员会来担当。

环境议定书和环境影响评价

关于环境议定书，吉姆·巴恩斯表示难以明白其中的警告问题，他对此表示：所有的担心都是从何而来？需要记住的是，是南极科学研究委员会提出了关于环境影响评价的第一份提案。此外，在污染问题上，支持科学研究的后勤才是罪魁祸首，而不是科学本身。

巴恩斯坚持认为，对过度监管的担心是一种转移视线的做法。议定书对"紧急情况"做了规定，在奥拉夫·奥海姆所述的德国诺伊迈尔站的原始位置的案例中，可以援引这些规定。

另外，关于南极条约体系中科学建议的替代方法是可以的，但希望南极科学研究委员会在这方面也能继续发挥作用——南极科学研究委员会拥有权威的科学地位。如果它的作用被削弱，将会令人遗憾，结论是南极的科学正面临着越来越广泛的要求？因而科学所扮演的角色的作用应积极主动，而不是消极被动。

对南极科学研究委员会领导作用的审视

在之后的讨论中，布鲁斯·戴维斯同意南极科学研究委员会作用相对被动的说法，表示南极科学界应该向政治家们发出更明确的信息。毕竟，科学家也像环保主义者一样，组成了一个单一问题导向的利益集团。我们所生活的是一个群体政治的时代，这就要求我们有意识在具体领域发挥领导作用。对于科学本身，南极研究人员也组成了一个相应的特殊群体，通过与其他群体的竞争来获取科研经费。而其中的有些竞赛是通过国家科学院和研究委员会组织进行的。

斯特隆伯格（Jarl-Ove Stromberg）提醒与会人员，南极科学研究委员会不是一个在国际舞台上执行决策的机构，它只是一个通过国家科学院和类似机构开展工作的行为体，这意味着国家政策的变化使得南极科学研究委员会不可能以人们都希望的方式统一行事，在涉及政治敏感问题的领域上尤其如此。这就是国际科学联合会理事会的工作方式。因此，南极科学研究委员会很难承担所需要的领导角色。

非政府组织的作用

与会的几位科学家对吉姆·巴恩斯所认为的非政府组织愿意与南极科学研究委员会合作，致力于科学和环境问题的观点表示赞同。奈杰尔·邦纳也注意到科学界内部存在的不同意见。"我被南极科学研究委员会的一些同事视为一个狂热的环保主义者，"他说，并继续表示，国际科学联合会理事会［保罗·丁沃尔（Paul Ding-wall），新西兰］与国家公园和保护区委员会可以为南极科学研究委员会提供更多帮助（后者是国家公园咨询小组）。

有些讨论是围绕环保主义者的行为展开的。并不是所有人都接受巴恩斯的观点。由于一些环保主义者对媒体的操纵和只凭借感觉的方法，两大阵营之间的紧张关系不断激化。科学家们也感到被误解、冷落、沮丧、受伤和愤怒。在某些情况下，他们对《环境议定书》是持怀疑态度的，这并不奇怪。"我们关心的是未来，"这句话是对科学家们观点的概括。显然，即使对环境保护的目标形成了普遍共识，两大阵营对于实现环境保护目标的手段有着不同的看法。一种是现实主义的观点，例如，在某些情况下处理有毒废物所需要可能并不存在的服务。

不同国家的风格和科学文化

奈杰尔·邦纳同意奥拉夫·奥海姆的观点，即南极洲的生态系统是稳健的。然而，他不同意乔治国王岛上科考站过多的说法。如果只考虑一个地方，如麦克斯韦湾，这种情况也许是存在的，但总的来看并不是这样，该岛上有足够的空间，而且科考站对环境并没有产生破坏性的影响。奥海姆对此反驳说，这并不是他的意思，事实上，即使这些科学研究对乔治国王岛并未产生重大影响，但也不完全是好的科学，因为彼此邻近的科考站之间有着大量重复的行为。

另一个问题来自吉姆·巴恩斯关于将南极研究活动应更广泛国际化的呼吁。由此看出，不同的科学研究方法反映了不同的国家风格。英国人对这个想法相当抵触，他们把国际科考站等同于一种混乱。文化隔阂是一个重要的限制。此外，建立国际科考站也产生更多的官僚主义，"这是一个糟糕的想法"。然而，探险中的多边合作是可以接受的。

荷兰和斯堪的纳维亚的与会者持赞成态度的较多，但也认识到，严重的文化障碍和心态差异使得从一个完全的国际立场来考虑问题是不现实的。斯堪的纳维亚的经验表明，多边的物流合作是可以成功进行的，并提到了瑞典、芬兰、挪威等国之间轮流承担物流责任的"北欧"模式。安德斯·卡尔维斯特也认为，国际合作的前景再好不过了，但并不像吉姆·巴恩斯描绘的那样美好，因为具体实践过程中存在着许多的复杂性。当通过发挥主动权并邀请其他人参加时的合作效果最好。许多大型国际项目失败是因为其中存在过多的竞争色彩。提到的一个例子是在格陵兰冰盖顶部进行的深冰芯钻探，那里有两个相邻的洞，一个属于欧洲，一个属于美国。人们当然可以对于这样重复行为的必要性提出疑问。然而，资金体制、官僚机构和政治的差异，导致了目前的困境。

有人认为，北欧模式之所以可行，是因为与历史背景和社会文化不同的国家合作进行开发相比，相近的心理和社会文化因素对合作提供的帮助更大。

绿色和平组织、安全与非政府组织的作用

环保人士也得到一些赞扬。绿色和平组织在对各个科考站的巡查中表现得非常出色，这对南极科学界产生了积极的影响，因为他们可以通过一些外部力量的推动来清理"那里"的行为。这是今后绿色和平组织应该继续做的工作——发挥监督作用，因为公约不能也不会这样做。

位于埃文斯角的绿色和平组织基地现在正被拆除，该基地已经完成了它的使命，不是有关科学方面的，而是它为组织及其对南极事务的看法赢得了关注。因此，环保主义者不应该依照政治标准来对科学家关于站点的选址问题指手画脚。绿色和平组织在南极洲设立研究基地是为了政治目的，这一行为与赤道基地的做法雷同。

奥拉夫·奥海姆补充说，国际环保主义者游说团体擅长玩权力游戏，而绿色和平基地实际上是一场从有意愿的公众那里获得更多资金支持的运动。

保罗·克里斯蒂安·里伯（Paul-Christian Rieber）回到了科学界的问题，他同意科学界需要发挥更有力作用的观点。但有关的事故也会引起负面的宣传。在这方面，科学家们也相当松懈，缺乏重视，他们本应发挥更积极的作用，确保所使用的设备适合正在进行的任务，并确保船只在高水平的安全条件下运行。当然，这也适用于旅游业——这样一来，像新西兰飞机或巴伊亚帕莱索这样的灾难就可以避免了。正如安德斯·卡尔维斯特谈到的，安全因素是一个重要的衡量标准。

吉姆·巴恩斯回答了其中的几个问题。首先，他阐明了绿色和平组织在南极洲的行动目的，他说，非政府组织并没有像奥拉夫·奥海姆所说的那样，在南极建立基地是为了影响公众舆论以获取资金。相反，它是为了获得关于南极洲环境考察的第一手经验，以获得更精准的知识作为科学研究的基础，并从中评估不同国家的行为活动，并据此为南极事务的解决提出一种可行的替代方案。巴恩斯还说道："我

们希望获得更直接的经验和信息"，他指出，在 1983—1984 年之前，南极条约协商会议是一个封闭的论坛，这使得外界很难获得关于南极洲所发生事情的准确信息。

其次，巴恩斯表示，如果南极条约体系想成立一支环境警察部队的话倒是一件好事，这些非政府组织并不认为自己是自封的环境警察，但由于南极条约体系本身的松散，他们被迫担任这一角色。如果政府不这么做，那么绿色和平组织与南极和南大洋联盟将别无选择，只能以一种或另一种形式继续它们的监督行动。

最后，就非政府组织的历史活动记录而言，十分可观，他们已经编制了许多文件，其中包括建设性建议和事实材料，并被广泛传播，这些详实的历史记录也有助于为新加入南极条约体系的国家所了解。媒体倾向于轰动效应，一些绿色和平组织承认这方面的报道也有点浮夸，但总的来说，非政府组织发挥了十分具有建设性的作用。为了确定环境的影响以及在不同地点采用相应的废物管理方法，他们视察了许多核电站，并将其结论编汇为报告，因此得到了许多科学家的赞赏，认为这是一种建设性和保证公平性的做法。

矿产资源问题

许多关于矿产资源问题的观点呈现两极化，但在自然资源保护主义者团体中，自由派和保守派都一致认为应该停止与矿产资源的联系。巴恩斯说，与科学界人士的交流有时很激烈，但归根结底，我们都有一个共同利益，那就是为了科学目的和美学价值而保护南极洲。尽管这一点还没有达成充分的共识，但是，也许现在将矿产业务搁置一边，彼此之间的理解会增加。

在乌尔维尔·杜蒙德的法国机场跑道的案例中，非政府组织得到的信息是，这是一项计划的一部分，在该计划中，相当多的研究注意力都集中在矿产资源研究上。即使在法国，科学界也存在分歧，法国政府官员之间也在内阁一级展开辩论。因此，科学家和政治家在飞机跑道问题上存在意见分歧。当然，这种情况对非政府组织的策略很重要，但在观点两极分化的过程中，事情可能会因此变得简化，变成了只是关于人与企鹅的辩论。

奈杰尔·邦纳当时通过法国政府的系统（一个向法属南方领土——海外领土部下属的一个自治单位提供咨询的专家委员会）获取了更深入的背景资料，以此参与了对这一案件的审查。从他的角度来看，其中出现的问题在于如何确保人的安全，并如何为高质量的科学研究提供更好的条件，除此以外，通过提供更快捷的航空通道而不是轮船能让科学家有更充分的时间投入到研究的领域里，这对科学家们来说是一个重要的方面。另外，法国计划新建立的"冰穹 C 站"（Dome C station）也在发挥作用，因为在这里它与早期建立的通道一起变得更为重要。乌尔维尔机场将作为一条支线，为深入内陆的交通提供通道，那些地方正在进行有趣的天文和冰的研究工作。邦纳说，当时他和萨义德（El Sayed）（南大洋生态系统专家组的召集人），接受了以上的论点，他还略带自我批评地补充道："我们没有以适当的方式探索其他可替代的方案。"

第四部分

南极研究议程的定位变化

第七章　对一项南极研究计划的关注

——澳大利亚的经验

布鲁斯·戴维斯（Bruce Davis）是塔斯马尼亚大学南极和南大洋研究所（Institute of Antarctic and Southern Ocean Studies）副所长，该研究所正在进行重组和扩建。他具有工程背景和社会科学方面的专业知识，并参与了多项有关科学和技术发展的评估和咨询。戴维斯博士就政策问题写了很多文章。

澳大利亚的案例很有意思，因为我们有一个国家在南极条约体系内推动建立全面的环境保护制度方面发挥了主导作用。这是促成在惠灵顿（Wellington）首次进行矿产资源谈判之后。

布鲁斯·戴维斯强调了导致澳大利亚南极洲研究重组的一些事件，他描述了南极洲环境管理已成为最主要的政治问题的现状。

一个重要的问题是如何审查和评估科学表现。衡量南极研究人员每年发表科学论文的数量，还是别的什么衡量标准？

另一个问题涉及组织该领域知识生成的最佳形式。这应该是在一个单独的国家机构内部，就像现在的南极局（Antarctic Division），还是主要的责任在于学术机构？目前看来，澳大利亚正从单一机构模式向混合模式转变，这将使学术研究发挥更突出的作用。有人认为，这反过来又会促进对同行评审和质量控制的更多关注。与此同时，南极环境的管理正日益受到重视，这往往会将科学引向与监测机构相联系的社会授权服务职能。

历史背景

在英雄时代，澳大利亚已经介入南极洲，特别是道格拉斯·莫森（Douglas Mawson）的功绩。这些属于英雄时代的历史。当时的资金来源是公共捐款和私人赞助。1928年，当莫森组织英国-澳大利亚-新西兰南极考察（British-Australian-New Zealand Antarctic Research Expedition）时，政治因素最为突出，政府给予了一些投入。在 1929 年至 1931 年的这次探险中，在鲜为人知的印度洋扇区绘制了许多新的领土地图，这为后来被称为澳大利亚南极洲领地（Australian Antarctic Territory）奠定了坚实的基础。

莫森在 1911 年至 1914 年的首次探险中产生了 22 卷有关气象学、地磁学、地质学、生物学、海洋学和极光的科学报告。英国-澳大利亚-新西兰南极考察的报告包括 10 卷或更多。然而，在大多数情况下，直到 1945 年这段时间里所产生的科学没有很好的结构化。戴维斯把这个时期称为一个特殊的个人主义时期。

在第二次世界大战后澳大利亚参与南极事务的历史中，可以再区分两个时代：一个是 1945 年至 1990 年，另一个是刚刚开始的后《南极矿产资源活动管理公约》时代（post-CRAMRA era）。第一个是越来越重视科学的时代，第二个是环境管理的时代，才刚刚开始。从 1945 年开始，这是一个在南极大陆上取得更好的立足点并巩固其地位的问题；现在这是澳大利亚带头做好对环境的重新定位的问题。

1947 年成立了澳大利亚国家南极考察队（Australian National Antarctic Research Expeditions），并于 1949 年在外交部下成立了一个特殊的南极局。1948 年至 1969 年的活动在很大程度上反映了个别科学的动力和兴趣，以及在南极洲广泛传播科学学科和专业的愿望。在赫德岛和麦夸里岛建立了台站，并于 1956 年在南极大陆上建立了莫森站，及时赶上了参加国际地球物理年。逐渐地，澳大利亚加大了维护南极洲三个考察站的力度，一些人认为这与申索了 42% 南极洲面积的政治现实不太匹配。直到 1969 年，这项研究一直以稳定的速度持续进行，从那以后就再也没有出现过这种可见性。海岸勘探、内陆勘测和台站建设项目吸收了大部分资金，但现在澳大利亚有了地球科学、冰川学、生命科学和高空大气物理学项目。

在科学时代的第二阶段（即 1970 年至 1979 年），随着南极事务成为人们关注的焦点，人们进行了大量的反思和重新评估。在政治层面要求加强澳大利亚在南极的存在。实际上，这是通过象征性的重型台站建设计划来体现的，后来该计划遭到了批评。

1973 年石油危机之年成立的新计划委员会产生了一些影响。这就是南极计划咨询委员会（Advisory Committee on Antarctic Programs），它提出了几个新的倡议，其中包括重建南极站的计划、海洋科学计划和为南极计划建造一艘澳大利亚考察船的计划。

回顾过去，所有这一切的政治似乎都朝着通过科学有效占领的原则迈进。1979 年成立的下一个咨询机构南极政策研究咨询委员会对此提出了批评，这标志着一个新的转折点。

不断变化的组织结构和当前的优先事项

南极政策研究咨询委员会更加强调长期的科学内容，重建计划因未考虑到科学的主要战略目标，以及未考虑到改善运输和加强后勤的需要而受到批评。由于其批判立场，南极政策研究咨询委员会与政府发生冲突，并于 1984 年解散。针对南极政策研究咨询委员会的批评是，它过多地参与了后勤工作，并开始干扰南极局对研究和其他活动的日常管理。一个新的委员会成立了，这次的缩写是 ASAC，南极科学咨询委员会（Antarctic Scientific Advisory Committee）的简称。它的任务是科学政策，不介入后勤。它广泛地为环境部提供建议。然而，在南极局与南极科学咨询委员会对该机构的工作以及如何进行科学研究的看法之间，也出现了紧张局面。1985 年至 1991 年这一时期，因一项对澳大利亚南极政策和相关研究计划的新审查而被人们强调。这次审查的结果将在 1991 年底或 1992 年初提交。考虑到将环境管理作为主要问题的政治重新定位，必须重新关注科学领域。政治决定已经做出，但现在必须在政策实施层面和研究绩效层面进行相应的机构重组。

目前，澳大利亚有 7 个优先项目领域，分别为：独特的南极科学、地球科学、天气和气候、南极海洋生物资源养护公约、技术和支持、环境管理、社会科学。

该国的经济限制促使人们需要加强对科学的问责制和指导。在南极和南大洋研究领域也感受到了这一点。随着对环境管理活动日益重视的前景，南极研究领域的官僚和科学家都为这一特殊目的要求更多的资金，以使新任务不会削减科学预算。

政治象征性与研究上的努力

这里有很多政治象征意义。澳大利亚和法国放弃了《南极矿产资源活动管理公约》（Convention on the Regulation of Antarctic Mineral Resource Activities），转而采取更激进和全面的环境方针。现在，有人认为，澳大利亚必须用足够的资金来支持这一姿态，以便向世界展示些什么。否则，向环保主义的转变可能会被解释为与巩固澳大利亚在南极洲的影响力有关的另一种机会主义自利的表现（澳大利亚曾宣称占有 42%的南极大陆）。

因此，在政治上受到强烈推动的环保利益与前一时期（1945 年至 1990 年）南极政治流行的科学利益之间形成了紧张关系。除非为环境管理目的提供新的资金，否则这种紧张关系将加剧。

从资金的角度来看，澳大利亚在科学方面的努力毕竟是有限的。在 7 000 万澳元的南极总预算中，只有大约 800 万澳元用于研究。官僚机构的成本以及运输和后勤的成本都在增加，而科学预算却保持不变。大部分资金流向了南极局。这些大学仅获得约 50 万澳元（南极科学咨询委员会奖助金计划）。除此之外，大学当然可以使用澳大利亚研究理事会（Australian Research Council）拨款，并且在南极局预算之外提供后勤服务。

现在争论的是，资源应在多大程度上集中到优秀的研究中心，或应在多大程度上继续集中到南极局。显然，应该赋予大学更大的作用，但如何做呢？另外，考虑到对环境管理的重视，为科学提供新资金的承诺也许更多是高水平的虚化辞藻而不是现实。

就非政府组织而言，它们一直在积极推动为南极环境保护主义者的利益争取更多的资金。这也意味着在环境影响评估、废物管理系统和保护区自然保护等领域有一系列新的研究重点。据说澳大利亚必须在环境管理方面树立一个其他国家可以效仿的榜样。

就科学家而言，就像在其他国家一样，他们担心这种重新定位的某些方法可能会损害他们的传统科学计划，并且科学活动可能会以各种方式变得过于受限。

布鲁斯·戴维斯认为，很明显，环境保护措施引起的新重点和优先事项在澳大利亚正变得制度化。然而，这也需要对态度和价值观进行重新教育，就像重新安排科学计划一样。此外，还有关于将资源置于何处的争论。有人说，南极局进行的研究过于昂贵，而且取决于个人利益而不是国家优先事项。反对意见是，在南极局以外资助的一些研究项目具有自愿性和不稳定性，因为这些项目是围绕研究设立的，重点有限，持续时间短。这些大学不喜欢派高级研究人员去南极洲，因为这需要很多时间，其中大部分时间都是在途中，而且效率低下。南极局可以制定长期计划，并提高研究的连续性。

随着审查委员会提出建议，有关这些和其他问题的裁决将很快做出。

讨论

讨论集中在几点上。一个是大容量台站建设方案的问题，另一个是中央研究所模式相对于大学研究模式的优点。关于后者，有人指出，澳大利亚作为领土主权要求，出于政治原因，需要在南极有存在感，但大学永远无法给该国提供所需的存在感。有人想知道南极局是否有科学家，或者那里是否充斥着官僚主义。这句话的主旨是敦促澳大利亚在南极局建立科学能力，并用有效的中央部门控制和领导取代个人主义。通过这种方式，可以在基础研究和科学之间建立一种平衡，以达到想要的环境管理目的，同时也可以更好地将大学的研究成果整合到现有的计划中。我们需要的是有战略规划的计划。

布鲁斯·戴维斯同意这一观点，但坚持认为要遵循这一发展路线是有困难的："将南极局整合起来并不容易。"

在这一点上，还讨论了后勤方面。澳大利亚花费巨资建造了一艘新船。将来在降低官僚主义的同时是否可以通过租船来降低后勤成本呢？如果把后勤和官僚机构的开支减少到总预算的20%，那么就可以把同等数量的经费用于研究，这意味着科学预算可以翻一番。是什么阻止了沿着这些思路做一些事情？在私营部门，这将是提高成本效益的不言而喻的方法。

另一条评论则相反，认为澳大利亚确实需要两艘船只，一艘用于后勤，一艘用于研究，特别是在海洋科学中。明确的分工比试图将两个不同的功能（后勤和研究）结合在同一艘船上更为有效，因为这会导致船上日常生活中的许多冲突。

戴维斯指出，建造船只的决定是一个政治决定，这表明它并非首先建立在可靠的科学标准之上。

第八章　环境驱动的研究

——与众不同吗

> 巴里·海伍德（Barry Heywood）在南极洲拥有 30 多年的淡水和海洋科学经验。他目前是英国南极调查局（British Antarctic Survey）副局长，特别负责维持一流的科学计划。

巴里·海伍德通过区分他给出标题三种可能的解释开始了他的演讲。于是，环境驱动的研究可以指以下三种情况中的任何一种：环境驱动或政治驱动的研究；环境友好的研究；关于环境的研究。

其中第一个与监测有关。目前有一个关于科学监测和环境监测区别的讨论。向第二个方向施加的压力越大，我们就越会看到在南极研究中最优秀的人才流失到其他领域。这是因为科学家偏爱基础研究。科学作为对真理的追求，是一件激动人心的、无止境的事情。因此，事实上，甚至说"南极科学"都是用词不当的。这个术语是在所谓的"区域研究"流行时出现的。然而，前缀"南极"是不需要的；事实上，它是令人反感的，因为所做的是"科学"本身。海伍德说，它恰好在南极，但这本身并不能成为所做研究的决定性因素。首要的因素是这项活动是由科学驱动的。这就是为什么它值得科学家们关注。关于第二类，环境友好的研究，这在南极洲是没有问题的。科学家需要一个清晰的基线来进行观察。因此，人们自然倾向于保持观测平台周围环境的清洁。打个比方，谁想用脏试管做敏感的实验呢？

最后，第三类关于环境的研究也不是问题，只要其中有科学的东西。如果它在科学上是有趣的，例如针对气候学研究或生物学计划，这样的研究是受欢迎的。时间、成本和人员都是有限的资源，因此必须有选择性地确定目标。科学家们希望这些目标能够带来良好的科学回报。

英国工作研究计划结构

原则是人们在南极应该只做那些最好在那儿做的事情，例如调查冰盖的特性和动态。可以排除在其他地方做得同样好的研究，因为南极的成本效益比要高得多。

另一个原则是，在那里进行的研究必须遵循与在其他地方进行的研究相同的高标准。因此，使南极活动符合严格的同行评审标准很重要。国际知名科学家的同行评审还将加强与尚未涉及南极方面的学科研究的联系。

巴里·海伍德关于《马德里议定书》的结论是，该议定书受到科学界的欢迎，前提是该议定书的实施将有助于促进而不是阻碍良好的科学。这是稍后讨论的一个问题。

在对问题进行上述介绍并进行自己的解读之后，海伍德回顾了英国南极调查局结构和计划的一些亮点。英国南极调查局一般涵盖已在南极科学研究委员会编码的那些主要研究类型；学科和专业领域的基本划分。这项工作按照五个主题进行：南极洲自然环境的模式和变化、西南极的地质演化、南极陆地和淡水系统的动态、南大洋生态系统的结构和动态、南极洲日地现象物理学。

除此之外，还有两个较远的研究计划："偏僻极地社区的人类"和"南极地理信息与制图"。后者受到现代计算机技术的强烈刺激，现代计算机技术可以利用卫星图像和数字地形模型的输入来协调和改进数据库。这项工作涉及与其他几个国家的科学家进行广泛的合作。

每个计划都进一步细分为许多不同的项目。这些都是成功申请者获得资助的结果。项目资助的申请是根据创新性、科学价值和与特定计划领域主题的关联程度进行评估的。每五年对像这样的计划进行一次同行评审。这个过程通常需要十名或更多的世界一流的科学家，他们关注各种计划中获得的结果的质量。

项目还需要对其可能产生的环境影响进行审查；申请人被要求提供这些信息，英国南极调查局有一名专门的环境官员（Environmental Officer）负责审查所有的项目申请。除了一般的环境影响外，还应特别注意废物处理措施，以了解这些措施是否满足要求。

资金

有人告诉我们，每年通过英国南极调查局在南极进行研究的费用约为 2 200 万英镑。另外 100 万英镑由大学资助，斯科特极地研究所每年的预算为 50 万英镑。此外，自然环境研究委员会（Natural Environment Research Council）还有专门的课题资金，其中一些用于极地研究。因此，南极科学的总支出约为 2 400 万英镑。与前十年初相比，成本效益有所提高。由于 20 世纪 80 年代活动的迅速扩展，英国南极调查局的管理和计划的结构进行了重组，以促进更高的成本效益意识，并且确实使活动更具成本效益。

除了提到的经常性资金外，英国南极调查局还获得了额外的资源，用于几项资本密集型建设工作。其中之一是罗瑟拉机场（Rothera airstrip），它在 1992 年秋季投入使用。英国南极调查局目前正在寻求额外的资金，以重建和扩大西尼岛上的研究设施，将其容量从 27 名科学家增加到 40 名。机场将使英国南极调查局能够在较短时间内将大学科学家带进南极，从而扩大现场工作人员的选择范围。此外，该机场将扩大西南极冰原的作业范围。

作为管理工具的环境影响评估

这两项主要的建设工作都经过了全面的环境影响评估，邀请了环境组织的代表进行实地视察。巴里·海伍德观察到，环境影响评估已被证明是一种有价值的管理工具。它的最终效力当然将取决于国家程序，在这方面人们可能预期会有一些变化。一些国家毫无疑问将认真遵循建议的程序，而另一些国家则可能不太倾向于遵循建议的程序，要么是因为一无所知，要么是因为缺乏执行规范所需的资源。海伍德坚持认为，环境影响评估条款的实施最好由科学界的自我调节机制来完成。如果按照新西兰、澳大利亚和法国的要求采取更加严格的办法，除非另有证明，否则认为所有活动都是有害的，这可能导致一些国家退出《南极条约》（Antarctic Treaty）但不离开南极。这会造成一个没人想要的局面。此外，如果这成为主流的解释，则会由于其他原因导致科学的减少，其中包括科学界面对被视为过度热衷控制所产生的挫败感。重要的是要保持平衡，并强调科学自我调节的原则。通过耐心咨询可以取得更佳的效果；需要的是教育而不是立法以及咨询而不是监管。

再论南极科学研究委员会的作用

许多讨论都围绕英国南极调查局关于研究资助申请的安排而展开，这被认为是示范性的，值得其他国家效仿。此外，引入一名环境官员来检查有关环境影响和废物管理的所有提案，这使英国在适应新议定书的要求方面具有很好的领先优势。

巴里·海伍德观察到，环境影响评估的实施将如何依赖于国家程序。吉姆·巴恩斯对英国南极调查局在这方面的机制表示赞赏，他敦促南极科学研究委员会在这方面发挥主导作用，要求所有国家在项目建议书中使用类似的安排，以便制定标准化的方法，给出质量控制和环境影响检查表的标准。他还建议制定视察程序。南极条约体系允许进行现场视察，但这很少实施。有了环境影响评估，就有充分的理由生成可用于此类视察的标准化检查表，因此可由多国组成的小组联合进行。

布鲁斯·戴维斯同意海伍德关于教育而不是立法的重要性的观点，但他认为这需要一些时间才能看到效果。他对科学家自然倾向于在"自我调节"的基础上实施影响深远的环境影响评估程序并不乐观，指出"科学家也需要被看管"。

总之，有人同意南极科学研究委员会在这方面可以发挥作用，例如在实施环境影响评估中推动某种标准化，特别是要求所有国家采用一种相同的项目建议书安排，这种安排可以基于上述英国的经验。

第九章　地球科学

——基础研究还是商业勘探

肯特·拉尔森（Kent Larsson）是瑞典隆德大学地质系教授。他还是南极科学研究委员会地质工作组成员。目前，他参与了一个瑞典的南极洲毛德皇后地地区山脉地质项目，研究沉积物和玄武岩岩石，以及过去的生物发展。肯特·拉尔森参与研究意在更好地了解超大陆冈瓦纳古陆的分裂，并且与板块构造有关。他参加的1991/1992年瑞典南极研究计划（Swedish Antarctic Research Programme）补充了早期瑞典在该地区的研究——瑞典第87/88号和第88/89号研究，地点是海姆弗伦特费耶拉（Heimefrontfjella）和维斯特费耶拉（Vestfjella）。

地球科学家的负面形象

肯特·拉尔森在他的演讲中直指问题的核心——地球科学家在过去15年中逐渐获得的负面形象。据他估计，造成这种情况的原因有好几个，其中包括地球科学家自身未能更积极地站出来应对商业压力。取而代之的是大量的机会主义，他们让经济效用的形象变得普遍，相信这将有助于增加资金。这在一定程度上是正确的，但也损害了地球科学的声誉。在南极科学研究委员会工作组中已讨论了公众形象问题，拉尔森指出南极科学研究委员会本身也太被动了。南极科学研究委员会应该站出来为地球科学家制定一套道德准则，并且不能容忍他们参与由石油公司等经营的商业活动。

直到最近，随着商业压力的下降加之向环保动因的转变，才采取了这一步骤。因此，地质学家和地球物理学家在公众心目中的形象一直是打着科学的幌子掩饰矿产勘探的"坏家伙"之一，这并不奇怪。如果南极科学研究委员会行使了其有权代表基础研究界行使的控制职能，那么或许可以避免一些这种误解。既然对勘探和开发实行了50年的禁令，也许化解情绪和纠正已经形成的公众形象会更容易。当然，地球科学的情况不同于生物学的情况，无论是历史上的还是事实上的。后者总是在工业家批评它们之后出现，而前者则充当了工业利益的先锋并缓和了工业家的批评。

海洋生物资源的开发很早，首先是海豹，然后是鲸鱼，现在是磷虾和鱼类。开发活动完全掌握在工业家手中，而生物学家则在事后介入，评估破坏情况、设置配额和推动环保主义者的措施，以恢复生态系统。因此，生物学家的形象与环境保护密切相关，被认为是"好家伙"。地质学家的情况正好相反，他们作为先锋收集可用于勘探的数据，从而为商业利益开辟了道路。此外，当地球科学家们发表科学报告时，他们常常继续评估在不同地点发现的矿产和碳氢化合物的商业潜力。最后，各种商业开发活动进一步加剧了人们的怀疑，例如巴西石油公司（Petrobas）在布兰斯菲尔德海峡（Bransfield Strait）为巴西进行地震工作，或者阿根廷石油公司进入了詹姆斯·罗斯岛（James-Ross Island）地区。日本和俄罗斯在过去 10 年的地震绘图也有影响，特别是因为这些国家非常反对公开披露他们的发现。

随着 20 世纪 70 年代初的石油危机，人们的注意力转向了冻结在南极洲的自然资源"宝库"。一些国家开始进行勘探，以确定碳氢化合物、石油和天然气的潜力，还有人猜测这些金属矿产位于南极大陆的四个矿区。这一经济动因对研究议程产生了影响，并引发了有关矿产机制的谈判，该机制在起草后最终失效了。取而代之的是 1991 年 10 月 4 日通过了《环境议定书》（Environmental Protocol），规定至少在今后 50 年禁止矿产勘探。

新的机会

目前，在一个大型国际图书馆中汇集地震数据的工作正在进行，即便是这样，许多参与方也很不愿意分享他们的数据。然而，现在这主要是因为科学家们想尽可能地"榨取"（"milk"）自己的数据，然后向更广泛的受众发布数据。这与发布或销毁的作用是一致的，当数据生成的经济动因下降时，发布或销毁的作用可能更为重要。当然，与 20 世纪 70 年代石油危机期间和之后以及欧佩克（OPEC）的行动类似的情况将来可能会再次出现，因此人们永远不能确定绝对禁止矿产勘探。这一切都取决于全球经济形势和政治。生物学和地球科学之间的另一个对比是，前者产生使科学和潜在的环保主义者感兴趣的数据，但在后一种情况下的双重用途将始终潜在地包含商业成分。即使商业压力已经消失，至少在未来几十年内，情况依然如此。以前长期保密实测数据的商业动因已经消除。

与此同时，地球科学现在有充分的机会促成环保主义者的动因。这可能会在一定程度上抵消目前缺乏推动地质学和地球物理学的经济动因。因此，地球科学家现在可以通过集中参与全球变化有关的研究计划以及更广泛地开展国际合作（例如计划中的横穿南极进行地震工作或在不同地点进行冰芯钻探活动）来改变他们受损的形象。这些都对我们了解过去的气候和地球历史有重要影响。南极科学研究委员会的工作组也变得更加明了，因为已阐明了道德准则，建议科学家不要参与商业活动。

1991 年 9 月在不来梅举行的南极科学研究委员会会议以环境为重点，并试图提高南极科学这一方面的知名度，这对重塑地球科学的公众形象也很重要。

有矿产资源和碳氢化合物吗

肯特·拉尔森的演讲从对南极洲存在哪些矿产和碳氢化合物资源的事实回顾开始。这次演讲引发了一些评论，一些与会者坚持认为，他对南极矿产财富的乐观看法是错误的。对于这些事实应该以何种方式向更广泛的公众公布，人们的看法也不同，因为担心会产生误解。有人建议，科学家在与非专业人士交谈时应始终淡化那里有什么资源。但肯特·拉尔森坚持认为，在这样的回顾中，客观要比策略重要。

总的来说，他画的这幅图是南极洲许多有趣的地层之一，这些地层显示出与拉丁美洲和南非地区的相似之处，那里的山脉因其富矿特性而闻名。铁和铜在整个南极大陆的前寒武纪岩石中被发现，从威尔克斯地（Wilkesland）到毛德皇后地（Dronning Maud land），尤其是在查尔斯王子山脉（Prince Charles Mountains）。位于彭萨科拉山脉（Pensacola Mountains）的杜福克山群（Dufek Massive）蕴藏着钼、铬和在南非也有的其他金属。最年轻的成矿区是与南美洲安第斯山脉有关的一个，发现了南极的铜、钒、银和金。埃尔斯沃思山脉（Ellsworth Mountains）地区连同南极半岛和设得兰群岛（Shetland Islands）也是有前景的地区。

话虽如此，当然必须补充一点，缺乏技术和市场准入已经减少了巨大的商业经济利益。

当谈到碳氢化合物时，除了在布兰斯菲尔德海峡有少量发现外，还没有真正的发现。目前还没有对海底地壳进行深海钻探，这将是获得更精确信息所必需的。一个商业上有意义的发现必须保证至少有一个潜力超过 20 亿桶的特大油田。尽管在 20 世纪 70 年代末有人进行了猜测，但这样的发现并没有出现。煤炭则主要集中在横贯南极山脉和查尔斯王子山脉，用现在的开采技术是无法开采的。

回顾过去，可以说，由于人们对自然资源的浓厚兴趣，已经积累了大量有用的数据，而现在这种兴趣已经下降。这些数据现在变得越来越广泛，并证明对地质目的非常有价值。今天的主要兴趣是科学。

这次讨论除了回顾南极的矿产资源外，还涉及几个问题。关于南极洲存在的矿产（如铁）的质量，存在一些意见分歧。有人提出，杜福克山群与南非罗斯菲德尔山群（Rushfield Massive）的不同年龄也有影响。肯特·拉尔森回应说，在南极半岛上发现矿产的重要性是毫无疑问的，而在其他情况下，数据为专家之间的不同解释甚至争议留下了相当大的余地。当被问到他自己为什么对南极洲的地质研究以及有关板块构造、气候变化和其他环境有关事项的问题感兴趣时，拉尔森回答说，好奇。

一些人强调了研究地球历史所需的全球方法。有人说，地质学问题是以过程为导向的，所研究的过程越来越涉及全球性。

科学数据的双重用途

另外还讨论了地球物理数据双重使用的问题。一方面，人们对数据有短期的科学兴趣；另一方面，人们对数据有长期的商业兴趣。因此，地球物理研究会发出双重信号。这是不可避免的。与政府人士交谈时，会提出一个方面；而另一个方面在科学界内部或在对环境保护主义者和更广泛的公众讲话时更为核心。在与政府接触时，你需要把效用作为一个论据加以渲染；在过去 10 年中，最重要的是地球物理研究的预期经济效用。这是生活中的事实，当然地质学家已经用这样的论据来为他们的科学辩护。今天，这种转变是出于环保动因。不幸的是，在政客们看来，关于全球变化更完善信息的参考力量不足。即使有人指出海平面每年上升 1~2 毫米，这也不是充分的理由。奥拉夫·奥海姆（Olav Orheim）指出，随着人们把注意力转移到全球变化上，地质学可能会陷入失败的境地，他接着比较了 20 世纪 70 年代的情况，当时石油公司向卑尔根大学提供了用于纯科学工作的多通道地震设备。他们坚信这是对未来的投资，因为这将促进大学在这一领域的综合能力的培养。这可在商业需要时加以利用。1977 年，挪威人到南极进行多通道地震工作。

扬·斯特尔（Jan Stel）不同意奥海姆关于地质学今天可能处于失败边缘的观点。相反地，他说由于人们需要知道有关整个地球系统的一切，地质学能够改进其前景。地质学以不同的时间表运行。对于国际地圈—生物圈计划（International Geosphere-Biosphere Programme）来说，也许很难把过去一亿年的最后一帧画面出售给政客，但如果我们转向过去一千万年，就会有许多新的机会。为石油开发的离岸技术也促进了科学的新进展，例如对海洋学有用的海洋钻探技术；计算机技术和卫星成像也得到了发展。技术不会停滞不前，这是包括地球科学在内的科学的重要驱动因素。巴里·海伍德说，他倾向于同意这一点。至于荷兰的案例，壳牌（Shell）在协助科学家开发他们的研究计划方面发挥了重要作用，提供了对南极洲存在沉积物进行很好概述的存储数据。问题是，科学家并不总是善于将他们的成果解释成对更广泛的受众有意义的语言。

对进一步国际化的呼吁

另外还讨论了数据库问题和广泛获取现有信息的必要性。吉姆·巴恩斯将此视为未来的一个关键点，他敦促集中资源并进行更深远的国际化。奥拉夫·奥海姆提醒与会者，数据不是直接使用或不使用的问题。

各国的技术发展水平不同，这意味着，例如第三世界国家的科学家在"榨取"数据库方面处于劣势。这里还涉及声望的因素，所以在世界科学界中有一种差异。

因此，对数据出现了不同的文化观念，较小或较贫穷的国家处于不利地位。同样值得注意的是，没有国际地圈—生物圈计划数据库。

吉姆·巴恩斯提到，在美国，参议员努恩（Nunn）一直在宣传军用计算机力量的民用转换，以提高处理环境数据的能力。布鲁斯·戴维斯说，对于一个政治学家来说，经济学显然不会离开南极洲。不这样想就太天真了。此外，鉴于数据可用性的偏向（对富国有利，对发展中国家不利），第三世界国家继续怀疑工业国在计算机能力和数据处理设施方面的实质性垄断也就不足为奇了。与此同时，在另一个极端，我们现在出现数据过载；各种数据的激增正在堵塞系统，不利于高水平的分析和理论工作。

奥拉夫·奥海姆建议，鉴于目前的实际情况，应承认分工，由富国承担基础研究的主要责任，而发展中国家没有能力有效地进行这项工作。

第五部分

小组讨论和全体会议

第十章　多学科和多国家的视角

小组讨论要求，每位发言人简要介绍自己目前参与活动的经验或状况中具有特殊意义的几点。

芬兰贸易和工业部芬兰极地委员会秘书、科学家丽塔·曼苏科斯基（Riita Mansukoski）关注的是在斯堪的纳维亚建立的三国合作模式，涉及芬兰、挪威和瑞典。她指出，这是一种模式，小国可以利用它促进发展不同的国家研究计划，同时集中资源并为后勤目的建立合资企业。另一方面，后勤合作也为科学家提供了发展科学合作的绝佳机会。

里伯航运公司（Rieber Shipping AS）的母公司里伯有限公司（G. C. Rieber and Co. AS）常务董事保罗·克里斯蒂安·里伯（Paul-Christian Rieber）强调了极地活动的商业意义，呼吁科学家向本国政客施加压力，让他们更合理、更有效地使用有限的资金。这可以通过将市场标准置于民族主义自豪感之上来实现。后者往往使人们有更少的成本意识。此外，民族主义在设备和安全措施方面可能导致盲点。里伯还谈到了今天的南极被用于许多不同目的的方式，不仅仅是科学，并继续讨论了这一多用途使用原则（multi-purpose use principle）对极地世界的航运和其他运输方式的影响。

荷兰海洋研究基金会（Netherlands Marine Research Foundation）主任扬·斯特尔回顾了荷兰在南极洲开展研究的经验。他指出了如何利用一个或多个基础研究领域的高水平能力来追求一个相当重要的特定生态位——在本例中是海洋生物学。荷兰模式还涉及与几个国家的合作，强调先进技术，以及承认欧洲战略在南极研发中的潜力。这种方法不同于更为传统的方法，即每个国家都要组织开展自己的国家考察，以获得南极"俱乐部"的资格。

克里斯蒂娜贝里海洋生物站（Kristineberg Marine Biological Station）海洋生物学教授亚尔·奥韦·斯特龙贝里（Jarl-Ove Stromberg）进一步探讨了欧洲方面，该站由瑞典皇家科学院（Swedish Royal Academy of Sciences）资助运行，位于瑞典西海岸，紧邻哥德堡。斯特龙贝里还是国际科学联合会理事会（International Council of Scientific Unions）附属的海洋研究科学委员会（Scientific Committee on Oceanic Research）主席，并通过欧洲科学基金会（European Science Foundation）（其具有极地研究计划欧洲"极星"号研究）利用德国科考船"极星"号（Polarstern）在促进研究合作方面发挥了积极作用。他讲述了几年前这一考察工作一段旅程中作为科学带头人的经历，并原原本本告诉我们许多组织、项目和倡议。在极地研究的各个领域，欧洲正日益成为一个不可忽视的参与者。

管理与后勤

丽塔·曼苏科斯基的发言促使人们进一步讨论经济限制和环境压力的影响。结果发现，这个问题的管理层面需要更多的关注。经济限制、环境问题和国际研究合作都指向需要集中资源和建立涉及多个国家的合资企业的方向。另一方面，有多种因素阻碍了发展。其中一个事实是，极地考察仍然是政治意愿的体现，在这里（政治层面）将有许多分歧和冲突需要克服。第二，商业实践和成本效益分析各有不同。第三，研究传统和兴趣存在差异，这限制了在多边合作方面可能实现的目标。最后，语言障碍以及社会和文化差异阻碍了各个层面（规划、后勤、管理和实地）顺利和有效的国际合作。基于这些原因，有人认为，多边合作在区域基础上进行时效果最佳，涉及在文化、语言、体制安排和政治方面相互接近的国家。斯堪的纳维亚模式证明了这一点。同时，值得注意的是，这种合作仅限于作为后勤一部分的运输，不会进行这样的研究计划。

后勤有硬件方面和软件方面。后者更为重要，包括操作船只的人员以及为科学家、直升机驾驶员、技术人员和顾问等提供支持的船员的专业知识和能力。有人指出，一艘船应该始终由船长指挥，而不是由科学家指挥。特别是在安全问题和危急情况的各个方面，船长必须有最后的决定权。当然，船长和其他船员应尽最大努力满足科学家的要求。很明显，社会和文化因素在许多方面渗透到后勤平衡的软件方面。

在硬件方面，保罗·克里斯蒂安·里伯指出了需要考虑的各种类型的船只和车辆：政府破冰船、军用船只、多用途研究船、散货船、改装的供应船、客船、直升机、飞机、雪地摩托。此外，还有野营装备和携带适当类型燃料的问题。

看来，冷战的结束，加上南极洲新的环保主义和矿产禁令，再加上预算限制，共同提高了成本意识，并为老的后勤问题提供了新的解决办法。因此，现在可以承包俄罗斯的船只，并且有两用的研究兼旅游船可供使用。里伯坚持认为，如果在后勤中创造性地实施多用途原则，今天可以用更少的钱做更多的事情。我们需要的不仅是坚固高效的船只，更重要的是船员的专业知识。船只必须适应船员，反之亦然。此外，在冰水中的机动性在不同地区是不同的，这意味着特定地区的经验很重要。

里伯总结了六点作为结论：

（1）在南极洲的政治任务将继续进行（参见冰芯钻探作业，民族主义进入其中），大国更愿意在自己的船上悬挂自己的国旗。

（2）所有国家的成本意识都在提高，越来越多地采用全面预算方法（即权衡所有成本，包括维修、保险和重建）。

（3）后勤和科学领域的专业化程度都在提高；同时增加了灵活性和一揽子解决方案。

（4）今后将开展更多合作，包括对同一地区的考察、从事同一课题的不同机构之间的合作以及不同职能部门之间的合作，如科学和旅游业。

（5）南极洲将有更多的长期投入。

（6）考察期间将更加强调舒适性、服务和安全；安全要求与人和环境有关。

荷兰的做法

荷兰的做法不仅揭示了在国际层面上进行合作的重要性，而且还揭示了本国在国家层面上进行合作的重要性。在这种情况下，关键是找到国家研究机构和大学部门的适当结合。1990—1991 年，荷兰首次南极考察队租用了一艘船只，并将其作为波兰科考站的一部分。在政策层面，与其他国家的合作证明有助于跟国家讨价还价争取资金。科学家们还对国际环境运动和媒体对南极洲的兴趣表示支持。

在内阁决定从 1989 年起每年拨款 180 万瑞士法郎之后，科学家们遵循了一些已经制定的理论路线——冰川和气候研究、海洋科学、海洋学、地球科学以及科学行动对环境影响的研究，以尽量减少人为侵扰的影响。一直以来，一个重要的观点就是强调基础研究，荷兰在这方面很强大。荷兰海洋研究基金会具有商业头脑，能够协调在不同地方的机构所做的科学工作，这一事实也使得一个小团体更容易利用少量预算获得最大的成果。这是一个迅速动员荷兰不同参与者，通过引起政客们的注意并发展各种国际联系来获得支持的问题。

扬·斯特尔还指出了他看到的即将发生的一些未来趋势：

（1）随着"意识形态"站的关闭（包括绿色和平组织运行的站），科考站会更少。

（2）需要改善科考站的地理分布。

（3）环境影响评估的影响将是一个重要因素。

（4）越来越多的保护区，特别是在海洋地区。

就后勤而言，斯特尔认为，越来越需要双边协调、国际合作、集中资源、提高成本效益以及最小化环境影响。所有这些都可以作为今后的绩效指标。

欧洲舞台

欧洲的场景呈现出迷宫般的按字母排序的字母组合，极地研究领域也是如此。亚尔·奥韦·斯特龙贝里进行了概述。

1984 年，欧洲科学基金会（European Science Foundation）决定建立一些"网络"。1988 年 10 月至 1989 年 3 月，利用德国阿尔弗雷德·魏格纳极地与海洋研究所（German Alfred Wegener Institute）的"极星"号研究船，为启动欧洲"极星"号研究（European Polarstern Study）提供了计划的种子资金。共有来自 18 个国家的 100 多名科学家参加了这项研究（其中两个是南美洲国家）。最终结果不仅是科学数据和联合撰写的论文，而且是思想的重大交叉，以及欧洲海洋科学机构之间的合作和联系的增加。德国承担了这艘船的费用，而欧洲科学基金会则资助了随后的研讨会以及 1991 年 5 月的最后一次专题讨论会。欧洲共同体委员会（Commission for the European Community）为巡航期间的直升机费用提供了资金。

第二个欧洲网络是围绕欧洲海洋和极地科学委员会（European Committee on Ocean and Polar Sciences）建立的。该小组评估并可以推荐由其上级机构欧洲科学基金会和欧洲共同体委员会资助的项目。欧洲海洋和极地科学委员会包括"老手"和新参与者，后者如意大利和荷兰。因此，它构成了一个新的论坛，在这里可以讨论整个欧洲极地研究战略，以确定科学人员以及仪器和后勤设施的最佳利用。由于欧洲科学基金会的资金有限，欧洲海洋和极地科学委员会对于增加财政支持也很重要。最终结果是指导方针对参与国的影响力日益增强、协调了研究议程以及促进了合作和资源的集中。大规模的超国家计划由此诞生。泛欧船只的建造已经讨论过了，但这在今天是不可行的。"极星"号将继续发挥关键作用。在这一点上，值得注意的是，位于不来梅港的阿尔弗雷德·魏格纳极地与海洋研究所的戈特蒂尔夫·亨佩尔（Gotthilf Hempel）教授是欧洲海洋和极地科学委员会主席。

除了像斯堪的纳维亚模式那样在区域基础上进行双边合作外，国家研究委员会和科学院在国际层面至少还有三个其他的互动点。它们是欧洲科学基金会，欧洲共同体委员会（以及由此产生的欧洲海洋和极地科学委员会），以及国际科学联合会理事会/南极科学研究委员会和海洋研究科学委员会。在欧洲层面，欧洲海洋和极地科学委员会还与包括南极科学研究委员会、海洋科学研究委员会和环境问题科学委员会（Scientific Committee on the Problems of the Environment）在内的全球网络进行互动，这些互动既在国际科学联合会理事会家族内部，也通过联合国以及政府间系统〔在那里我们可以看到联合国教科文组织（United Nations Educational, Scientific and Cultural Organization）及其政府间海洋学委员会（Intergovernmental Oceanographic Commission）、世界气象组织（World Meteorological Organization）和联合国环境规划署（United Nations Environment Programme）〕。具体计划包括：海洋科学研究委员会和政府间海洋学委员会开展的世界海洋环流实验（World Ocean Circulation Experiment）；海洋科学研究委员会开展的全球海洋通量联合研究计划（Joint Global Ocean Flux Study）；海岸带陆海交互作用（Land-Ocean Interaction in the Coastal Zone）；国际地圈—生物圈计划内的其他计划直属于国际科学联合会理事会；以及世界气象组织的世界气候研究计划（World Climate Research Programme）及其许多子项目（有关首字母缩略词的详细信息请参阅专用术语部分）。

除了法国（印度洋扇区）和意大利（罗斯海）以外，欧洲国家已将他们的很多工作集中在大西洋扇区（威德尔海）和南极半岛以西。然而，人们对研究别林斯高晋海的兴趣与日俱增，因此未来几年我们可能会看到一些欧洲国家在海洋研究方面的重点发生变化。

总之，小组讨论成员指出了未来可能发展的至少五种国际合作：

（1）斯堪的纳维亚三国模式；

（2）欧洲海洋和极地科学委员会（由欧洲共同体委员会和欧洲科学基金会组成）发起和/或支持的欧洲计划；

（3）欧洲科学基金会极地科学网络；

（4）具有权衡取舍的主要针对双边的合资企业，例如荷兰与波兰的合作；

（5）参与像国际地圈—生物圈计划这样的国际计划仍然很重要。

在欧洲，最终结果可能是开发一个大型的超国家计划，该计划将为参与国制定指导方针。这样一个计划有多松散或稳定将取决于各国的承诺和牵头机构的能力。对于较小国家的科学家来说，与一些有影响力的国家（拥有船只和科考站等资源）的直接交流吸引了他们进行合作，因为这可能是在中等规模项目上取得成果的最快方式。欧洲的官僚机构需要更多的准备时间。

欧洲中心主义和/或对比南极科学研究委员会

在讨论中，人们再次清楚地认识到，建设一个真正的国际科考站可能仍然是一个乌托邦式的梦想。除了涉及的政治问题外，还有文化和民族风格的差异，以及潜在的和在某些情况下表现出来的民族主义。尤其是英国人，他们在南极有着悠久的研究传统，他们的组织结构得到了新的振兴并为新的基础设施安排投入了大量资金，以促进更高的成本效益，但他们仍然持怀疑态度。在荷兰、芬兰和瑞典，人们期望未来新技术将推动进一步的一体化。这可能反映了管理层的观点，但当前关于未来统一欧洲的讨论，以及相应的超国家科技政策框架的演变在这种情况下并非没有意义。布鲁斯·戴维斯很快指出了这一未来愿景本质上是以欧洲为中心的，并指出它将许多国家特别是第三世界国家排除在外。吉姆·巴恩斯暗示，即使在将来，民族国家将继续是主要参与者。最终，欧洲核子研究组织（European Organization for Nuclear Research）、位于海德堡的欧洲分子生物学实验室（European molecular biological laboratory）以及现代化设施在智利、总部设在慕尼黑的欧洲南方天文台（European Southern Observatory）等相似机构的情况也是如此。不过，冷战时期东西方的紧张局势及其后果所引发的竞争强度将有所减弱，而这正是南极早期许多建站活动的原因。荷兰的做法及其在开辟南极条约体系正式成员资格新道路（即无需建立科考站）方面取得的成功是一个突破。它具有先例性，将允许更多的国家在新的条件下参与。然而，如果这仅限于欧洲的倡议，那将是一个遗憾。另外，南极科学研究委员会和欧洲海洋和极地科学委员会之间的关系尚不清楚。在加强欧洲作为一个参与者的同时，加强南极科学研究委员会的作用也很重要。如果做不到这一点，南极科学研究委员会可能会发现自己越来越黯然失色，越来越被忽视，而且肯定会与已经发展起来的新的超国家结构相矛盾。毕竟南极科学研究委员会不仅代表着质量，而且代表着更具包容性的国际主义。

技术作为驱动因素

奈杰尔·邦纳（Nigel Bonner）认为目前新合作形式的趋势是暂时的。在特定利益的驱使下，已经出现了一种各自为政的反趋势。此外，如果你把目光放在科学之外，各国的民族主义还将继续在其他领域发展，例如，到南极的滑雪探险、到同一目的地的狗拉雪橇以及在南极水域的私人游艇活动。所有这些导致了进一步的环境影响和安全问题，这些问题超出了科学考察站管理者的控制范围。它们是一个不容忽视的重要因素，尤其是在南极半岛上。

奥拉夫·奥海姆指出了后勤领域的新技术和变化趋势如何使资深科学家参与考察和实地调查更具吸引力。在这里，英国和法国的机场都很重要，这可以使每笔时间和金钱的投入获得更多好的科学。布鲁斯·戴维斯在评论此事时指出，法国迪蒙·迪维尔机场（Dumont d'Urville airstrip）也可能引起澳大利亚人的兴趣。早些时候，澳大利亚人对从霍巴特直接到他们自己的一个基地的类似空中线路进行了自己的辩论。一些商人对这样一个冒险项目表现出了兴趣，但仅停留在推测层面。

英格马·博林（Ingemar Bohlin）提出了一个观点，即从科学的角度来看，政府如何以不具成本效益的方式花钱。据他估计，只要科学可以用作实现政治目标或是其他目标的工具，这种情况都将持续下去。政府对科学持工具主义观点。如果科学可以在许多其他情况下充当象征性资本，那么科学与政治之间可能会有卓有成效的权衡取舍。冷战的紧张局势刺激了这种平衡。现在的问题是，环保主义政治是否足以取代它。

巴里·海伍德也认为，东西方冲突已经影响到许多研究计划，特别是苏联的计划，那里的经济危机现在也导致了南极科学研究的进一步萎缩。然而，东西方冲突不会影响英国、法国和斯堪的纳维亚国家。在这里，新技术的成本效益仍然是一个重要的驱动因素；基础研究的兴趣也是如此。

外在论和内在论

全体会议在进一步讨论有关海豹种群和磷虾的养护措施后结束。会议指出，南极科学研究委员会在这方面发挥了进步作用，指出在南极条约体系历史的早期阶段就需要进行分区和管理分区。这是不可能实施的，取而代之的是指定了特别保护区（Specially Protected Areas）和多用途区。其中一些内容必须在《环境议定书》中进一步充实。1992年7月在剑桥举行的一次科学研讨会可能会讨论哥德堡研讨会期间指出的一些困难。

总的来说，在这两天的讨论中，南极科学动态的外在因素占据了主导地位。此外，还必须进一步研究内在因素，例如学科分化、专业形成以及在一些国际研究前沿更广泛地与科学结合的变化模式。

第六部分

四篇研讨会论文和一篇评估南极科学研究委员会的报告

第十一章　发展中的政治/科学结合点

奈杰尔·邦纳①

与世界上其他任何地方相比，南极洲的科学研究也许与勘探和开发最密不可分。尽管最早期阶段的许多探索之旅主要是希望获得商业回报，但大多数探险活动都是由政府资助的。科学研究是他们计划的正常组成部分。库克船长踏上了他的南极探索之旅，并于1773年首次穿越南极圈时，南极科学研究达到了高潮。随船同行的有著名的德国博物学家约翰和格奥尔格·福斯特（Johan and Georg Forster），他们制作并描述了一些有趣的科学奇观。1838—1842年，查尔斯·威尔克斯（Charles Wilkes）领导的美国探险队与不下7位科学家（和两位艺术家）一起制订了广泛的科学计划，尽管这些科学家中只有一位随探险队亲身经历一部分的南极航行。在1819—1827年间，詹姆斯·韦德尔（James Weddell）的商业捕捞海豹远航也做出了宝贵的科学贡献。

纯粹的私人、非商业性的探险活动虽然很少，但却做出了巨大的科学贡献。其中最杰出的是1901—1904年奥托·诺登·斯科尔德（Otto Norden-skjold）的瑞典南极探险队。尽管丢了船只，但由诺登·斯科尔德私人资助的南极探险队还是取得了巨大的成功。诺登·斯科尔德亲自进行了地质调查，卡尔·斯科茨伯格（Carl Skottsberg）是植物学家，安德森（K. Anderson）是动物学家，埃里克·埃克洛夫（Erick Ekelof）是细菌学家，而杜塞（S. A. Duse）和博德曼（G. Bodman）则进行了制图和水文工作。

另外，这一时期的阿蒙森、斯科特、沙克尔顿和莫森这些伟大的南极探险家中，只有阿蒙森的探险未能取得重要的科学成果。

在两次世界大战之间，政治开始在南极发挥重要作用。英国于1917年对一个被称为福克兰群岛属地的地方提出了领土主权要求。随后，新西兰于1923年提出领土主权要求，法国于1924年提出领土主权要求，阿根廷于1925年提出领土主权要求，澳大利亚于1931年提出领土主权要求，挪威于1939年提出领土主权要求。这些主权要求没有得到普遍承认——实际上，这也是不可能的，因为其中两个国家实际上

---

① 作者简介见第31页。

涉及同一地理区域——这不可避免地出现了政治紧张局势。这种紧张局势在南极半岛地区最为严重，英国和阿根廷（1950年以后，智利）在该地区的领土主权主张重叠。

1943年，在南极地区各种活动最少的时候，英国派出海军执行了"塔巴林行动"（Operation Tabarin），占领了南设得兰群岛和南极半岛的基地。这次行动是为了应对德国武装商船可能会利用这些港口袭击盟军航线的潜在威胁。战争结束后，塔巴林行动改组为福克兰群岛属地调查局（the Falkland Islands Dependencies Survey），与在南极另外17个科考站进行了全面的科学计划。

1947年，阿根廷和智利都在南极半岛建立了气象站。人们可能注意到，自1904年以来，阿根廷一直在南奥克尼群岛的劳里岛运行一个气象站，这个气象站是从苏格兰国家南极探险队继承而来的。这三个国家在半岛上相互冲突的领土主权要求引起了政治紧张局势不断上升，1952年2月，阿根廷团队用机枪向希望湾（Hope Bay）的英国团队开火，紧张局势达到了高潮。

尽管发生了这些令人不安的政治事件，但科学研究仍在继续。地球物理学将从事南极研究的所有国家聚集在一起。高纬度地区是进行许多地球物理现象研究的最佳场所，这促成了1882—1883年和1932—1933年的"极地年"合作。1950年，经过有影响力的地球物理学家之间讨论，最终确定1957—1958年为第三个极地年，因为这段时间是太阳黑子活动最旺盛时期。在国际科学联合会理事会的主持下正式确定为国际地球物理年。

尽管阿根廷、智利和英国之间存在政治问题，尽管美国和苏联之间存在冷战，但在南极洲的12个国家的科学家成功制定了一项避免重复的研究计划，实现了最大限度的资源利用。

在国际地球物理年期间，南纬60度以南的南极有47个科考站，南纬60度以北的岛屿上还有8个科考站。这个研究网络被最大限度地利用，科学计划已远远超出了地球物理范围。1957年，国际科学联合会理事会成立了南极科学研究特别委员会，后来更名为南极科学研究委员会（下文简称科学委员会）。其任务是将不同学科的科学家召集在一起，协调研究计划并交换信息。

国际地球物理年期间南极半岛的领土主权之争停止了，并在各国之间发展了相当程度的科学合作。国际政治家很快就发现，正在建立的对话，特别是美国和苏联之间的对话，可以用于其他目的。1958年，在美国的倡议下，召集了阿根廷、澳大利亚、智利、法国、新西兰、挪威和英国7个领土主权要求国以及比利时、日本、南非、美国和苏联12个国家的代表召开会议，以"寻求南极洲对所有国家开放并在那里进行科学或和平活动的有效手段"。从这次会议中达成的《南极条约》于1959年在华盛顿签署，1961年生效。

《南极条约》同意以承认或不承认领土主张从而冻结领土主权要求，它为在没有政治干预的情况下发展科学合作提供了基础，它保证了整个南极洲的科学研究自由。《南极条约》几乎没有提及环境保护，虽然环境保护注定是科学与政治互动的主要领域。

1964 年，在布鲁塞尔举行的第三次南极条约协商会议上，制定了采取保护南极动植物的系列协定措施，这是《南极条约》为环境提供保护的第一步。这就是《南极动植物保护议定措施》（以下简称《议定措施》）。《议定措施》禁止杀死任何本地哺乳动物或鸟类；呼吁各国政府尽量减少对野生动植物正常生活条件的有害干扰，减轻沿海污染；为特别保护区做出规定；规范了非本地物种的引进。

《议定措施》基于科学委员会制定的一系列保护原则，重要的是，《南极条约》在其早期建议（Ⅰ－Ⅳ）中敦促科学委员会继续咨询工作，因为科学委员会"非常有效地促进了国际科学合作"。更引人注目的是，虽然科学委员会是一个非政府组织，但《南极条约》在环境保护政策中一再呼吁科学委员会提供咨询建议。例如，在建议Ⅶ－2 中，科学委员会被邀请审查现有特别保护区和已建议的特别保护区。

随着人们越来越多地认为保护环境比保护动植物的具体措施更为重要后，要求科学委员会提供咨询的频率越来越高。建议Ⅻ－3 要求科学委员会就可能对南极环境产生重大影响的科学和后勤活动类别提供咨询建议，并要求科学委员会制定相关评估程序。这是环境影响评估的第一步，标志着《南极条约》有了新的重大突破，虽然科学委员会的回应并未得到各方的普遍欢迎，但四年后，在第十四届南极条约协商会议上，一项关于环境影响的评价建议书被采纳。

一些咨询请求是用外交语言而不是用严密的科学术语提出的，因此，科学委员会在回应这些请求时面临着挑战。科学委员会的通常应对方法是成立一个特别工作组或专家组，他们在一次或一系列会议上尝试编写含有对策建议的报告。南极条约协商会议一般为两年一次（在奇数年），而科学委员会的会议在偶数年举行。这在协商会议要求提供咨询意见与科学委员会下次会议之间大约有一年的时间。总的来说，成立专家组、进行讨论、准备一份由科学委员会的全体会议进行审查的报告，一年时间太短了。结果是，通常在协商会议通过前，只由几名科学委员会执行官（主席，两名副主席，前主席，秘书长和执行秘书）组成的小组审查建议。在实践中，这似乎并没有造成太大困难。

科学委员会和《南极条约》之间的建议流通路径非常复杂，因为科学委员会是一个非政府组织，其执行机构与南极条约协商会议之间没有正式的联系，再者南极条约协商会议没有（并且到目前为止仍然没有）秘书处。只能由科学委员会的国家委员会与南极条约成员国政府进行正式联系。由新西兰、挪威、英国和美国组成的小组通常会事先讨论条约中与环境有关的事项。通常，科学委员会的建议是从位于英国的科学委员会办公室传递给《南极条约》英国代表团团长的，但这也不是一成不变的，任何缔约国都有机会发送科学委员会的报告。

20世纪80年代，发达国家的环保意识大大提高。"绿色"运动的发展未忽略南极洲。绿色和平组织，因为在西北大西洋成功完成了反对杀害格陵兰海豹（harp seals）运动，将他们的目光转向南方。1986—1987年的南极夏季，绿色和平组织在罗斯岛的埃文斯角建立了一个由四人组成的基地。

同时，南极条约协商国一直在考虑南极可能的矿产活动问题。在1959年《南极条约》谈判时就讨论了矿产活动问题，但由于当时认为矿产活动为时过早，条约没有提及这个问题。1973—1974年间，欧佩克将原油价格翻了两番，引起了人们对可能的南极矿产资源活动的兴趣，南极条约协商会议要求科学委员会"如果进行矿产资源勘探和/或开采，根据可获得的信息对条约区域和其他南极生态系统环境的可能影响进行评估"。科学委员会将报告提交给第九届南极条约协商会议（"EAMREA报告"[①]），但其中的一部分在政治上不可接受（主要是对苏联而言），南极条约协商会议随后成立了自己的政府间专家组，并撰写了类似的报告。

1981年在布宜诺斯艾利斯举行的第十一届南极条约协商会议上，同意举行一次特别协商会议，讨论管理矿产资源开发的问题。科学委员会再次被征求意见，并于1986年提交了一份题为"可能的矿产资源勘探和开发对南极环境的影响"的报告作为回应。两年后的1988年，《南极矿产资源活动管理公约》（下文简称《矿产公约》）在惠灵顿以协商一致的方式获得通过。

此处不打算详述《矿产公约》的任何细节，只想说，它规定了详细的环境保障措施，以备将来进行开矿活动。尽管如此，绿色运动仍厌恶它。在南极和南大洋联盟的筹划下，环保主义者团体开始摧毁《矿产公约》，并将南极洲指定为"世界公园"。公众强烈支持南极和南大洋联盟的目标，特别是在澳大利亚和法国，导致了这两个国家宣布它们不会签署《矿产公约》。由于《矿产公约》生效需要7个申索国的签字，因此这意味着《矿产公约》就算没有夭折也几乎只剩下最后一口气了。

《矿产公约》提出的新环境思想使南极条约协商国意识到自身的环境措施需要修订和合理化。1989年在巴黎举行的第十五届南极条约协商会议上，同意举行一次特别协商会议，讨论全面保护南极环境的问题。协商国于1990年11月在智利、1991年4月和1991年6月在马德里举行会议。最初，先由澳大利亚和法国，后由比利时和意大利加入的四国产生了某种对立意见，他们希望制定一个新的南极环境保护公约，而美国和英国领导的多数则赞成在现行《南极条约》框架下采用议定书的形式。新西兰处于中立位置。

[①] 查了《第九届南极条约协商会议最终报告》（第7页），缩略词是EAMRA，全称是"A Preliminary Assessment of the Environmental Impact of Mineral Exploration/ Exploitation in Antarctica"（译者注）。

在马德里第一次会议结束之前，已经达成一致意见，即修订《南极条约》下的环境措施应采取议定书的形式。尽管有信心预计10月在波恩举行的下一次南极条约协商会议之前能完成签字，但遗憾的是，美国采取了一些相当不外交的手段，致使文件未能在马德里签署（注：1991年10月4日通过并签署）。

《议定书》用一系列附件形式体现了现有的所有环境保护措施，这些附件可以随时更新或修订。《议定书》第一条将南极洲定义为致力于和平与科学的自然保护区。在操作层面上，《议定书》通过环境保护委员会发挥作用。环境保护委员会是一个向协商会议报告的咨询机构。在履行职能时，环境保护委员会必须与科学委员会、南极海洋生物资源养护委员会和"其他相关的技术环境与科学组织"进行磋商。科学委员会和其他组织可以被邀请作为观察员参加环境保护委员会会议。环境保护委员会每次会议的报告"应涵盖会议上审议的所有事项，并应反映所表达的意见"。（尚不清楚科学委员会作为观察员是否有权汇报它的观点。）

虽然《议定书》保留了科学委员会向《南极条约》提供咨询的特殊地位，但是比瑞典代表在智利会议上提出的措辞有所淡化。最初是这样说的："（环境保护）委员会在履行职能时应考虑到南极科学研究学委员会的工作……为达到这个目标，科学委员会应被邀请发表其看法，并在其职权范围内对环境保护委员会提出的建议发表评议。"但如上所述，最终商定的措辞较少支持科学委员会。

只有基于合理的科学建议，保护环境的法律机制才会起作用。在南极地区，科学委员会是可以提供最佳科学建议的组织。因为科学研究委员会的独特性在于：这个组织中的科学家个人具有在南极环境条件下的实践经验，而且这些人在南极环境条件下从事过科学研究。

这些研究计划不仅代表了科学家们的学术兴趣，而且它们对世界具有普遍重要意义。例如，现在没有人怀疑在南极进行吸引人的臭氧层空洞研究的重要性。同样，对南极冰芯的研究为我们提供了可以追溯到几千年前的一系列有关地球大气层的数据样本，以及二氧化碳在全球变暖中的作用。在较短的时间范围内，南极的雪化学家（Antarctic snow chemists）证明全球各种物质的背景值（background levels），从工业化生产的铅到原子弹爆炸的放射性尘埃不等。气象和海洋学研究已经揭示了南极在全球天气系统中发挥的作用。

我可以继续举出很多例子，但简单地说，南极占地球表面积的10%，我们不能忽视我们星球的这一重要部分。

这是在南极进行科学研究的理由，其中大部分与我们对环境的了解有关。同时，没有人怀疑需要保护南极环境，这是各种措施的职能，最终《南极条约》通过了《环境保护议定书》。

南极科学家对环境保护可能影响科学研究表示疑虑是偏执狂吗？我认为不是。

某些环境保护法规似乎更多地基于世界其他地方的需求，而不是南极洲的需求。

我仅举一例，它不是基于《南极条约》的立法，而是基于1973年《国际防止船舶造成污染公约》及其1978年议定书。在1990年11月的政府间海事组织会议上，国际海事组织将南极海洋指定为《国际防止船舶造成污染公约》的特别地区。这一指定是对石油、垃圾和污水的排放施加了特殊限制，旨在控制有大量运输的封闭海域的污染。现有的例子是波罗的海、地中海和波斯湾。南极完全不需要这种指定，南极是世界上最开放和充满活力的海洋，而航运密度却是世界所有海洋中最低的。在南极，为石油、垃圾和污水提供接收设施既不切实际，也不需要。

这种被指定为《国际防止船舶造成污染公约》的特殊地区是否会影响南极研究？可能不会。船舶被要求在规定时间内提高到《国际防止船舶造成污染公约》标准，当然，不应将石油排放到世界任何地方的海洋中。但是船舶可能会无意中发现自己违反了规定。特别地区的一项法规禁止在12海里范围内排放污水，但是，如果在基地卸货的补给船因为冰情而被迫靠边时，那会怎么样呢？很少有船可以连续数周存储污水，岸上也没有接收设施。更糟的是，根据现行法规和拟议法规，岸边基地能够将其污水排入海中，而根据《国际防止船舶造成污染公约》规则以及该条约及其即将采纳的议定书，则禁止船舶这样做。

与其他地方一样，在南极地区，认识到法律的这种洋相是无济于事的。如果在起草阶段适当关注科学和实际的建议，这种情况本来是可以避免的。建议是有的，但由于政治原因被驳回。

另一个问题是，如预期的那样，在《议定书》生效和环境保护委员会审议环境问题时，咨询程序将如何运作。环境保护委员会将由每个条约协商国的代表组成，他们大概是外交官。他们将得到相应政府部门或独立机构的科学顾问的支持。

由于具有南极经验的人数有限，几乎不可避免的是，这些科学顾问在另一个时间里可能在科学委员会工作组中任职，他们向《南极条约》提出咨询意见。建议来源的这种重复似乎不是一件坏事——科学家们无论是什么身份都应该给出相同的建议——但我相信情况并非总是如此。科学委员会内的科学顾问必须通过其代表团团长（政府代表）发言，令人不快的建议将不可避免地被过滤掉。当然，科学委员会并非没有政治压力，但与国际极地年筹备阶段一样，这些压力总体上还是得到了抑制。出于主观经验，由科学委员会设立的来自多个国家科学家组成的专家组所提供的咨询建议，比国家代表团内的、代表国家政策的顾问提出的建议可能更无私。

如果《南极条约》假定一个顾问机构——环境保护委员会——就已经足够，并且不再向科学委员会征求意见，这是十分危险的。出于我刚才描述的原因，我认为这不利于南极科学和环境的最佳利益。

还有另一个，也许是更紧迫的危险。即使《南极条约》继续向科学委员会征求咨询建议，后者也可能无法提供。正如我之前提到的，科学委员会的主要作用是协调科学和交换信息。环境问题是次要部分。回应《南极条约》的咨询建议几乎总需要建立一个工作组——经验表明，试图通过信函来提供和整理合理的回应是徒劳的。一个由六人组成的跨国工作组开会，为期五天的会议费用，就算他们免费提供服务，也可能需要大约 1 万美元。这与科学委员会成员的年度总会费用相同，并且严重浪费了科学委员会资源。科学委员会目前无法就保护区和环境监测有关的问题提出深思熟虑的咨询建议，因为无法找到有关这些主题会议的资金。要求会议考虑数据存储和分析提供资金的请求（根据 XV-5 建议的要求）将耗费科学委员会当年所有会议资金。显然，如果要继续将科学委员会用作《南极条约》的咨询建议来源，就必须安排一些费用以满足这些支出。如果《南极条约》能为自己配备秘书处，那么这个问题可能更容易解决。

我认为，具有丰富经验来源的人向《南极条约》提供独立的科学建议，不仅对保护南极环境，而且对妥善保护整个世界环境至关重要。国际政治家必须仔细考虑他们的政策是基于操纵媒体的民粹主义团体，还是基于有丰富南极经验并为环境保护长期努力的科学家。作为后一群体的成员，我毫不怀疑这是最谨慎的做法。

第十二章 环境上受规制的南极
大陆中科学的地位

詹姆斯·巴恩斯[1]

介绍和总结

可以很简短地回答这个主题提出的问题，科学将排在第一位，因为它在南极地区已经存在了很长时间。

环境界之所以如此努力地将政府的工作重点重新聚焦于保护而不是开发该地区上，其中一个主要原因是，保护成为全球重要实验室的南极洲的特性似乎刻不容缓。

因此，我认为，对缔结《南极条约环境保护议定书》的恰当理解是，科学比以往任何时候都更加重要，而且科学研究的可能性更大。我不相信《议定书》的实施会阻碍任何重要科学的开展。相反，实施《议定书》的实际过程将有助于政府和科学组织更加明确地将重点放在其科学计划的优先事项上。结果将是更高效的科学、更有效的科学、更多的科学资金、更多的长期监测计划以及更多的指向性研究，例如需要有效实施《南极海洋生物资源养护公约》的"整体生态系统"的核心原则。

将矿产资源问题搁置可能带来的积极好处之一是：支持全球重要科学和长期合作计划的政治意愿将会增强。这可以带来更多的基地、设施和后勤共享，从而减轻因这些冗余设施而造成的环境资源投入。

如果能产生更多具有全球影响力的科学成果，这不仅仅是庆祝活动中使用的套话（theoretical phrase），而且是实实在在的现实，那将是一件非常好的事情。决策"透明度"的提高也将使科学家的责任更加明确，因为科学是无价的，但科学家并不是，这是众所周知的道理。正如劳埃德·廷伯莱克（Lloyd Timberlake）写道："科学有很多应解决的问题，它发明了可以摧毁我们所知的自然的武器；它生产的化学物质污染了我们的水系统和我们的大气层。在民主制度下，要靠选民和他们选举出来的人来治理和引导科学，以使自然与我们之间更加和谐互动。"

《南极条约环境议定书》的执行过程中不可避免地会出现许多实际问题，南极

---

① 作者介绍见第 48 页。

计划的管理者必须考虑这些方面。反过来，这些实践将在一定程度上改变科学的工作方式，尤其是其服务的方式。南极条约协商国多年来一直朝这个方向发展，《南极条约环境议定书》不是在真空里起草的，它认可这种趋势，并以具有法律约束力的语言将其表述出来，这是向前迈出的一大步。起草者和谈判者为执行工作制定合理的时间表，这将减轻正在进行的科学计划的负担。

我知道，科学界有人担心，他们会因为《议定书》而受到"过度管制"。例如，理查德·劳斯（Richard Laws）最近就写了一篇文章。但这是一种不合时宜的恐惧，我不相信任何合法的科学会因进行环境影响评估而受到阻碍。

确实，科学研究需要大量的后勤支持，尤其是如果它有可能开放其他类型的活动领域，那么将受到非常严格而真正的审查。例如，在杜菲克地（Dufek Massif）进行岩芯钻探本身不会造成问题，但为研究配套的坚固道路可能会造成问题。此外，由于需要进行环境影响评估，还可能会产生有益的经济意义。政府可能重新考虑，价值可疑的研究建议是否值得优先使用稀缺资金。例如，如果在海洋中的钻井作业中，为防止出现结构孔洞，需要使用防井喷装置，管理人员可能会认为这种装置太昂贵。因此，只有时间才能为这些情况提供答案。

独立科学家的作用

在这一点上，我想谈一谈科学委员会和独立科学家的角色。科学委员会负责启动、促进和协调南极科学。它是一个国际性的、跨学科的非政府组织，能够利用跨越国家和主题边界的科学家的经验和专业知识。在过去的 30 年中，科学委员会提供给条约协商国的咨询建议非常出色。尽管环保组织有时会批评科学委员会的一些报告，批评科学委员会未能在一些有争议的问题上进行权衡，例如在地质点建造一个硬化机场，但总体而言，有关保护该地区生态和环境的建议已经领先政府政治层面的思考。例如，几年前，科学委员会就环境影响评估问题提出了一些好的建议，但政府花费了好几年的时间才能达成共识，而且这些共识并没有科学委员会提出的那么有力。

在制定《议定书》的实际执行工作时，必须通过科学委员会以及其他相关的咨询来源，保持提供独立科学意见的坚定立场。为了提供这种意见，科学研究委员会成立了南极科学研究委员会环境事务和保护专家组。我认为，科学委员会作为就环境保护的科学方面向南极条约体系提供咨询意见的主要机构，不应被《议定书》取代。非政府组织期待着今后与南极科学研究委员会密切合作。

哪怕不详细列举，也显然有大量其他科学组织、机构或科学家个人能给出独立意见。比如，《南极海洋生物资源养护公约》科学委员会和其他几个科学团体，都在研究《南极海洋生物资源养护公约》创新的"整体生态系统"原则的实施。他们的专业知识和现有的数据库在执行新议定书方面应该非常有用。此外，国际环境界的非政府组织以及许多优秀的科学家都可以加入南极条约体系。

具有全球意义的科学

我将简要介绍南极洲为研究提供的独特机会，这些机会有助于理解南极洲边界以外的问题。目前，南极洲具有全球科学实验室的巨大价值。该地区近乎原始的特质为我们提供了一个基线，我们可以据此衡量人口稠密地区的污染情况。

锁定在冰盖中的信息正在帮助我们更好地了解地球气候的历史。

南极洲在全球能源平衡中发挥着关键作用。南极研究对于了解全球变化现象，臭氧消耗和温室效应至关重要。在国际科学联合会理事会的主持下，建立了国际地球圈—生物圈计划。该计划是这样描述极地地区的重要性的：

极地地区对全球环境的变化非常敏感，可以作为进入我们地球的总能量通量变化和大气变化的"预警信号"，极地地区还充当全球历史学家，在其永冻冰原中保存着过去全球环境状况的记录。

国际地球圈—生物圈计划正在协调极地地区的国际研究工作，重点关注全球变化的主要指标：臭氧浓度、冰芯、极地冰水平和极地温度。重要的是这些现象的研究不受本地污染源的干扰。国际地球圈—生物圈计划已经确定了其南极部分的众多优先事项，可以概括为：探测和预测全球变化；研究南极与全球气候系统联系起来的关键过程；提供有关环境变化历史的信息；评估生态过程和影响。

这些调查将使人类了解调节地球生命支持系统的相互作用的物理、化学和生物过程，正在发生的变化以及这些变化如何受到人类活动的影响。

南极洲是开展全球问题研究极为重要的地区，目前其研究潜力尚未得到充分发挥。人类管理和控制能力日益多样化、强烈的人类活动及其对自然系统的影响取决于对全球生态系统基本组成部分相互作用的更好理解。臭氧层的消耗、全球海洋污染，污染物的远距离传输以及气候变化现象，需要在全球、跨学科、多机构的基础上进行协调研究。我们都知道这一点。

南极洲一直是创新科学事业的良好试验场，例如近年来在南极高海拔地区进行的臭氧消耗实验和复杂的分析工作。我们在 1985 年获悉，1975 年至 1985 年期间，南极洲的臭氧层一直在系统地减少，这是英国南极调查局科学家在哈雷湾站（Halley Bay station）进行的测量结果。1986 年，美国国家科学基金会、美国国家海洋和大气管理局、美国国家航空航天局和化学制造商协会组织了一个南极臭氧考察队，考察队利用地面和高空气球进行了测量。这项研究产生了许多重要的论文，并极大地提高了公众的认识，认为有必要采取行动设法解决臭氧损耗的原因。

从那时起，南极已经使用了越来越复杂的现场仪器、研究技术、计算机和卫星能力。通常这些活动超出了大多数国家和任何单个研究机构的资源范围。只有通过多方努力，我们才能充分认识到对地球及其系统的日益了解的好处。这需要精心设计的长期计划和足够的财力和知识资源的分配，以及对这些大型全球研究和监测计划的持续支持。

从环境组织的角度（我也相信大多数科学家的角度），政府对南极国际地球圈—生物圈计划的承诺资金不足。

还应注意的是，在北极地区有一个新的国际北极科学委员会，它应该与致力于研究全球变化现象的南极科学家开展密切合作。

其他科学领域

关于其他一些科学领域，《南极条约环境议定书》将有助于激励各国就南极特有的重要生物学问题进行合作。

南极洲发现了许多简单的陆地和水生生态系统，它们可以作为模型来追踪种群和群落层面的关键生物过程。南极周围海洋在调节全球潮汐、洋流和海平面方面起着关键作用。通过《南极条约环境议定书》及其附件，尤其是废物处置和海洋污染附件，使各国能够采取长期措施保护这些水域，有助于阐明南大洋与世界海洋和气候之间的相互作用。

由于南大洋的水域是世界上生物生产力最高的水域之一，因此它们支持着一个独特的、高度适应的独特生态系统。南极洲是世界上最大的野生动植物保护区，栖息着超过 1 亿只鸟类，其中包括 7 种企鹅和 6 种海豹。夏季，这里是 15 种野生鲸鱼的活动场所。

这种巨大的海洋生态系统极其不寻常，因为只有南极磷虾——南极大磷虾（Euphausia superba）这一单一物种支持所有更高级别的物种。南极磷虾是 5 种鲸鱼、3 种海豹、20 种鱼、3 种鱿鱼以及众多企鹅和其他鸟类的主要食物来源。

每年磷虾产量估计可达 1 500 万吨。在南极，磷虾捕捞活动很活跃，如果管理不当，这可能会扰乱这些磷虾捕食者获得足够食物维持自身及其后代的能力。

之所以谈判《南极海洋生物资源养护公约》，是因为好几个条约国家认为磷虾的过度捕捞将导致南极海洋生态系统的普遍灭绝。这种担忧仍然存在。由于缺乏有关磷虾与南大洋海洋生态系统其他组成部分之间关系的数字和功能信息，迄今为止尚无法就磷虾捕捞上限达成预防性协议。此外，还有以下问题尚未达成共识：南大洋磷虾种群的数量、规模和生产力；维持磷虾捕食者的生存以及确保磷虾繁殖所必需的磷虾生物量；可以安全捕捞的磷虾生物量。

可以合理地假设，如果将磷虾捕捞分散在整个南大洋，那么磷虾的总数量可以维持目前的捕捞水平。但是目前捕捞集中在已知有磷虾群的地区。这些地区的磷虾捕食者种群似乎也最多。可以想象的是，在这些局部地区的捕捞可能对一个或多个依附这一区域的生物种群造成重大影响。

考虑到磷虾捕捞迅速升级的可能性，有必要收集更多的数据，有必要对目前为止收集南大洋的磷虾和磷虾捕食者的数据进行评判性分析。《环境保护议定书》所鼓励的新的合作时代可能成为各国政府共同开展指向性研究计划的主要动力，这些研究计划对于回答上述所列的关键问题以及下列问题至关重要：

（1）各种磷虾捕食者如何定位和捕食磷虾？

（2）不同的捕捞方式以及不同的捕捞量是否对捕食者产生不同的影响，例如，各种捕食者的磷虾供应量是否只取决于磷虾的总生物量，还是取决于磷虾群的数量、规模和密度等变量？

（3）监测选定的磷虾捕食者的现行方案需要多长时间才能反映并检测到捕捞引起的磷虾供应量的变化？考虑到这种时间滞后，可以/应该如何安排磷虾捕捞？

（4）是否有理由相信当前的捕捞水平或做法可能对当地（例如，乔治亚州南部地区）、区域（例如，统计地区43）或整个南大洋地区的磷虾种群产生不利影响？

（5）根据现有数据，在各个置信度较高（比如95%）的统计区，是否可以确定以何种方式和水平进行磷虾捕捞，以确保它们不会对《南极海洋生物资源养护公约》所定义的目标物种、依赖物种或相关物种产生不利影响？

考虑到这一总体背景，我们可以审查今年摆在南极海洋生物资源养护委员会面前可能的"磷虾上限"和相关的预防规定的各种选择。我认为，对磷虾捕获量设定一个商定的上限是可取的，即使该上限基于不可靠和不充足的数据。但是，接受的水平不能太高，必须承认是初步的，有待进一步完善。有必要继续朝着信息充分的方向发展，以便对各地区真正适合的上限做出复杂的和正确的判断，并对捕捞时间方面做出任何需要的限制，以保护捕食者的繁殖周期。南极和南大洋联盟将在南极海洋生物资源养护委员会会议上将提交一份有关这个主题的信息文件（Information Paper）。

结论

最后，我认为，新的《环境保护议定书》将推动全球正在南极开展研究的国家机构的使命。《议定书》既不会干扰也不会损害科学工作，而是有助于永久保护该地区，充分发挥其科学潜力。

《议定书》使世界实现南极价值向前迈进了一步。这是一个提供国际合作经验的和平区。现在，世界各国与科学界和环境界的非政府组织一起合作的动力越来越大。当我说世界上的"国家"时，我的意思是要涵盖所有国家，而不仅仅是那些加入南极俱乐部的国家。在这种背景下，建立国际基地的可能性令人兴奋。

南极是世界上唯一的非军事区。消除了矿产资源开采的威胁后，这一地位将得以保留。它是地球上监视和了解全球天气系统、全球变暖和臭氧消耗的最佳场所。我们刚刚开始了解南极洲的复杂环境及其对地球生命支持系统的重大贡献。《议定书》为我们开展多方面研究提供巨大的机会。

第十三章　澳大利亚南极研究计划聚焦

布鲁斯·戴维斯①

摘要

本文主要目的是说明日益增加的政治和社会对南极洲的兴趣如何将澳大利亚南极洲研究的重点转移到环境管理上，从而在官员和科学家之间就优先计划和资金分配产生了一些紧张感（Davis，1990）。

这个过程仍在进行中，目前预测结果为时尚早，但有关南极计划（包括与南大洋和亚南极附属岛屿相关的计划）的研究目标和分配效率的公开辩论仍在扩大，可能已经产生了一些有益的影响，但是需要在更广泛的范围内对澳大利亚的研究工作进行更广泛的重组，这是近年来发生的情况（DPIE1985，总理的科学声明，1989年5月，ASTEC 1990和1991）。明确的意图是招募更多的人员参加科学计划，合理地提高政府的研发力度，增加私营部门的研发投资，推广卓越的科学理念（Slatyer，1991）。目前尚不清楚这些努力在多大程度上会影响南极科学，但最初迹象表明，随着资金水平和计划多样性的逐步扩大，情况是令人鼓舞的（Antarctic Division，1991）。

关于南极条约成员国进行南极科学的方式仍然存在一些悖论。科学家易于认为，当有献身精神的研究者自由选择自己的研究现象时，很可能会发生最有价值的突破（Heap，1983；Roots，1986；Quilty，1990）。但这忽略了一个事实，现在大多数科学都是由政府资助的，公共利益使对相关问题的密切关注成为必要，利益的分配和科学基础设施的支持与科学政治直接相关（Lowe，1991）。科学不是没有价值的，因此研究人员选择研究什么以及如何对其进行分析和报告，这与文化和教育因素、自豪感和抱负以及专业人员在技术社会中发挥的作用密切相关（Maynaud，1968；Bahm，1971；Beneviste，1973）。

南极科学也反映了国家的愿望，因此尽管进行了国际合作，但毫不奇怪，尤其是在领土要求重叠的南极半岛，站点选址和数据收集工作还是有所重复。在其他一

---

① 作者简介见第 57 页。

些地区，许多科学问题实际上被忽略了（Lopez，1990；Cross，1991）。尽管后勤困难是作业的主要制约因素，但项目选择通常是在个人抱负与集体努力的需求之间进行权衡（Elzinga and Bohlin，1989）。在科学界内部也有一定程度的自大，一些研究人员声称应该不受限制地进入南极洲，不要外部审查或监管（Laws，1991）。总的来说，并不是所有科学家都是其事业的有效倡导者（Cullen，1990）。

但是，不管人们认为某种科学努力的动因和结果是"好"还是"坏"，现实情况是，几乎所有国家都在南极地区进行广泛的科学研究，而这些活动的一部分是在南极洲这一充满艰难险阻的大陆上进行的（Polar Research Board，1986）。如果我们要理解南极科学正在尝试和实现的内容，则需要了解一系列国家研究的概况，这篇短文只是个简要介绍一下的引言。但是，南极科学不应被视为特殊的（suigeneris）。极地地区的科学活动不仅反映出人类对特定自然现象的好奇心，还反映出一系列国内和国际的政治、经济和社会的需求。

在这项澳大利亚南极研究的简要探讨中，我们可以认识到三个明显不同的时代，每个时代都有其独有的特征和方向，但都反映了相关时期对南极洲的政治和科学观点：

（1）1890—1945 年南极探险的"英雄时代"的特殊个人主义；

（2）1959—1990 年在《南极条约》体系内多头并进（hydra-headed）的科学计划；

（3）1990 年以后，后《南极矿产资源活动管理公约》时代对南极环境的预期管理。

尽管最后这一时期的说法有一定问题，但目前的行动表明该概念已被接受和实施。

澳大利亚在南极洲的科学研究：初步探索阶段

目前澳大利亚南极领地占该大陆表面积的近 42%，澳大利亚人自己发现的部分，和继承以前英国主张的部分（Triggs，1986）。当然，此类主权问题目前根据 1959 年《南极条约》的规定而被搁置。

1939 年以前，澳大利亚的南极科学一般是由私人探险队进行的，研究兴趣在很大程度上反映了个人的喜好，在某些适当的情况下可能会出现一些模糊的研究开发概念（Swan，1961）。早在 19 世纪，出于商业利益，就已经有相当数量的海洋生物资源（例如，鲸鱼、海豹和企鹅）被开发，但保护措施直到 20 世纪 20 年代才认真思考过（Cumpston，1968；Mountfield，1974）。著名的探险家，例如，莫森（Mawson）和埃奇沃思·大卫（Edgeworth David）主要对地质研究感兴趣，但是他们也提倡资源开发，并主张对生物物种采取某些必要的监管措施（Spencer，1984）。

97

1939 年之前，澳大利亚政府唯一一次国家探险是 1929—1931 年的英国、澳大利亚和新西兰南极研究探险计划，可以认为拥有重要的政府投入和有组织的研究优先事项，该计划由英国、澳大利亚和新西兰共同参与。这并不是要贬低早期科学工作的价值和多样性，因为这些工作往往具有良好的高标准，而是要认识到科学是南极进行私人探险的正当理由，也是此类事业发展获得有限公共捐款的一种手段。

巩固立足点：科考站建设和南极科学 1945—1980

菲利普·劳（Phillip Law）的《南极奥德赛》（1983），以及斯科尔斯（1949）、贝彻瓦兹（1961）、斯旺（1961）等的著作，为 1948 年至 1969 年间澳大利亚在南极大陆（莫森站、戴维斯站、凯西站）和亚南极地区的附属岛（赫德岛和麦夸里群岛）建立的主要科学站提供生动和高度个性化的描述。人们对沿海地区的探险、内陆侦察和站点建设计划的关注并未完全抑制有效的科学研究，地球科学、冰川学、生命科学和高层大气物理学得到稳步发展。

国际极地年和 1959 年《南极条约》的出现促使澳大利亚政府通过南极局和澳大利亚国家南极研究考察队进行后勤运作，以强化政策指导和增加科学研究经费。但是，运输和财政资源仍然匮乏，继续依赖联盟机构——例如大学和一些联邦部门以及塔斯马尼亚州政府——负责麦夸里岛的管理。事实上，两股研究势力正在发展起来：一股是南极局的科学部门，另一股则是来自学术界和其他组织的广泛参与者组成的网络。

在 1945 年至 1980 年期间，小规模的南极局经历了多次部委变动，从外交部到供应部，再到后来的科学部。澳大利亚国家南极研究考察队规划委员会从 1948 年开始运作，直至 1966 年结束，虽然劳（Law）描述它对政策方向和短期计划编制做出的贡献，但他似乎并不受部长或官僚的待见，最终"枯萎"了（wither on the vine）（Law，1983）。1973 年南极计划咨询委员会成立，它的《南极澳大利亚科学研究新视野的绿皮书》（1975 年 3 月）提出了几项新举措，包括重建南极站计划、海洋科学计划和规划、研究建造一艘澳大利亚南极船。鉴于当时的预算形式，现在很难精确地计算出 20 世纪 70 年代的总财务支出，因为涉及南极局管辖范围之外的部分。

南极政策研究咨询委员会、南极科学咨询委员会和南极科学计划的合并 1980—1990

南极政策研究咨询委员会于 1979 年 5 月成立，为制定一个有效且平衡的南极和亚南极科学探索活动计划提供咨询。他们的初次报告（1979 年 11 月）提了很多建议，短长期计划中的优先事项，从物理和生命科学到气候、天气和海洋环流研究，再加上"独特的"南极科学，最后一项暗示仅与全球极地地区有关的问题。第二份报告涵盖了 1979 年 12 月至 1981 年 11 月，由于澳大利亚政府未能提供足够的资源来执行高优先级计划，遭到了极为严厉的批评。南极研究政策咨询委员会的第三份报告涵盖了 1981 年 12 月至 1983 年 11 月，这次报告更为直言不讳，他们认为，在南极大陆实施重大台站重建计划的决定虽然可取，但并没有实现改善科学筹资、改善运输设施和加强对陆路旅行的后勤支助等主要战略目标。此外，向所有三个大陆站提供空运服务是必不可少的，应将更多的资源分配给海洋科学项目（Lyons，1991）。

1984 年，南极研究政策咨询委员会召开了澳大利亚南极研究未来发展的大型会议。与会者的建议是有益的。会议一致认为，预算拮据严重限制了科学计划，鉴于财政限制，一些计划可能不得不削减或放弃。南极研究政策咨询委员会本身在不久之后就被撤销了，人们还在议论其被撤销的根本原因。也许该委员会对政府资助的批评过于直言不讳，但似乎也有人认为，南极研究政策咨询委员会已经偏离了其科学顾问的角色，过于关注后勤运作，以及公开评论南极局某些方面的日常管理。

1985 年，南极科学咨询委员会成为南极研究政策咨询委员会的继任者。其职权范围是通过有关部长向澳大利亚政府提供咨询：

（1）澳大利亚南极计划的主要内容，包括科学、勘探和支撑活动（包括运输）；

（2）科学和技术研究的优先领域，同时考虑到南极洲的资源潜力和健全的环境管理的需要；

（3）采取措施确保澳大利亚有效参与国际南极计划。

具体规定了南极科学咨询委员会的职责范围是为了排除与南极局管理直接有关的事项，但确实允许它对可能影响研究计划的运输和后勤方面提出意见（Lyons，1991）。

南极科学咨询委员会的第一份报告涵盖了 1985 年 9 月至 1987 年 12 月，确定了 7 个优先领域，并对每个领域提出了一些建议：独特的南极科学；地球科学；天气和气候；《南极海洋生物资源养护公约》；技术与支持；环境管理；社会科学。

每年的申请计划都由南极研究评估组的专家分委员会评估后，提交给南极科学咨询委员会批准。南极局有机会对提案提出意见，运作国家南极研究考察队，负责泊位分配，现场运输和其他后勤支持。有大量的监测成果，早期重点放在现场安全、环境保护、动物伦理、检疫要求等其他方面。

从表面看，这些精心设计的安排运行良好，但存在一些难题和操作问题。首先，南极科学咨询委员会拨款的总体水平非常低，批准的项目更多是对实地运营的后勤支持。其次，对于南极局内部科学研究与各种外部机构、特别是大学所开展的研究工作之间，存在着适当平衡和发展方向的问题。第三，希望更好的计划协调和委托工作，以应对项目申请每年偶尔发生的变化。第四，存在经费测算问题，即应确定所有参与机构的实际预算支出，而不是南极局自身的科学预算部分。

目前的总体格局是什么样的？简而言之，每年大约有 7 个优先资助领域的 130 个项目，并为它们提供后勤支持。1990—1991 年获得批准项目情况是：数量最多的项目往往是生命科学（46）和冰川学/地球科学（30），只有 6 个环境管理项目。除南极局外，还直接涉及其他 28 个机构，主要是大学。

就预算支出而言，南极局是迄今为止最大的支出部分，1990—1991 年度南极科学总支出为 6 840 万美元，其中南极局的支出为 6 270 万美元。在南极局内，直接科学计划支出总计 840 万美元，用于运输和一般物流支持的支出为 4 540 万美元。相比之下，南极科学咨询委员会的补助金计划微不足道（50 万美元），但这忽略了南极局总额中的后勤支持以及其他资金来源，例如大学内部的拨款。引用的所有数字都必须谨慎对待，因为存在许多隐性因素，很难汇总。

这种内部（国家的）视角也忽略了《南极条约》在国际层面上的审议和决策的不断变化。在 20 世纪 80 年代初期，大多数国家仍对南极资源开发的可能性感兴趣，但不愿争夺资源，急于制定保障措施，因此，制定矿产资源制度的谈判正在进行中（Peterson，1980；Vicuna，1983；Beeby，1989）。80 年代中期，南极和南大洋联盟以及绿色和平组织等非政府组织的活动迫使人们转向保护措施，并考虑在南极洲建立世界国家公园（Barnes，1982；Mosley，1986）。小国的行动跨越了这些概念，在联合国 "共同继承遗产" 概念的支持下，对南极条约成员国管理南极大陆的权利提出了质疑（Beck，1986，1989；Hamzah，1987）。80 年代后期，澳大利亚和法国已经拒绝了《南极矿产资源活动管理公约》草案，而赞成建立一个适用于南极洲的全面环境保护制度，但仍留下一些相关问题，如主权、责任和旅游等，有待以后解决（Bergin，1990；Davis，1991）。

从某种意义上说，由于一些科学家专注于特定的自然现象，似乎不考虑政治或经济因素，这些动态被他们忽略了。但从另一种意义上说，优先研究项目正在酝酿着一场革命，因为采用全面的保护制度将意味着在诸如环境影响评估、废物管理系统、保护区的自然保护、科学活动本身的程度等领域出现了一系列新的优先研究项目。

关注研究重点：新议程

在当前的全球战略和经济变革时代，环境安全已成为政治议程中的优先事项，其重要性日益凸显。在有争议的全球公域管理制度设计领域中，南极是多边协议促进和平与合作领域的示例（Beck，1990；Harris，1990）。但是，如果南极洲还可以在污染严重的世界中作为科学的原始参照点，那么它对人类的价值就会提高，而且所有国家对南极治理和科学研究方式都有合法的兴趣（Kimball，1990；Herber，

1991）。澳大利亚不能不考虑这种因素，因为它积极推动废弃《南极矿产资源活动管理公约》，而将南极洲作为"自然保护区—科学之地"，它必须在环境管理方面树立榜样，并希望其他国家效仿（Bush，1990；Suter，1991）。

从目前的南极洲科学自由时代走向更全面的监管和最大限度地减少人类的影响，可能不是一项简单的任务。

科学家们除了担心强调环境保护意味着资金从现有研究计划中转移之外，还对某些科学活动可能以各种方式受到限制而相当不满。例如，地质调查是否会被解释为矿产资源勘探，而这种活动将被暂停50年，这是个难题。但是，如果南极条约协商国在1991年底的会议上通过目前的《环境保护议定书草案》，那么，执行起来将涉及一系列尚未充分解决的问题：

（1）尚不清楚《南极环境保护议定书》是涉及重大的多边合作和执行，还是主要依靠单个国家在其所谓的"影响范围"内采取行动措施。

（2）尝试建立和运作国际环境保护委员会或条约秘书处可能会有很多争辩，它们与南极科学研究委员会的关系也存在问题，后者的作用也在不断演变。

（3）南极作业中的高度复杂的管辖权、责任和制裁等问题仍有待解决。

（4）有必要进一步澄清《联合国海洋法公约》《南极海洋生物资源养护公约》与《南极条约》体系之间的关系，特别是关于南极洲周边海洋的问题。

（5）如果要评估气候变化和人类的影响，将需要全面的环境基线监测计划。似乎没有国家建立了这样的系统，而且在标准、程序和文件等方面可能会有争议。

（6）目前设想建立和实施三种类型的环境影响评估。关于"轻微"或"实质性"影响的真正含义尚未达成协议，另外还有许多技术问题有待解决。

（7）旅游和私人探险活动的扩大将引发重大问题，涉及管制程度以及条约国在其管辖范围内与"第三方"国民打交道的能力。

（8）还有两个方面需要更详细地讨论：亚南极群岛的管理和养护（见 Paimpont 准则 1986 年）和改善南极洲自身的保护区系统（Kriwoken and Keage，1987）。

澳大利亚政府采取了哪些行动来应对这些新的要求呢？

（1）南极局与外交和贸易部正在做出巨大努力，以确保通过《环境保护议定书草案》，并已就国内和国际的影响进行了研究分析。

（2）南极局任命了一名环境规划官员，开展旨在改善环境保护的培训，包括对拟议中开展的活动进行一些初步的环境评估。

（3）南极研究评估组环境管理分委员会最近开会，以确定未来三到五年内环境研究的需求和机会。社会科学分委员会还确定了由《环境保护议定书草案》引起的需要解决的政策问题。

显然，环境保护措施所产生的新的重点和新的优先事项正在制度化，但这需要对态度和价值观进行再教育，同时也需要对科学计划进行一些重新排序。

还有一个更重要的问题，即整个科学研究计划是否有足够的针对性。一些评论者认为，南极局的研究费用太高，而且这些研究取决于个人兴趣而不是国家的优先事项；南极局驳斥这种说法，认为这是传闻，毫无根据，并指出，国际声誉、出版物的记录和在长期监测方面的作用使南极局的科学工作至关重要。有一种反驳意见认为，南极局以外资助的一些研究项目过于依赖研究生的自愿性，时间短，重点有限，没有充分解决目前一些重要的研究问题。为了分析澳大利亚南极科学目前的发展方向，南极科学咨询委员会已经任命了一个分委员会来研究此事，它很可能在1991年底或1992年初提交报告。尽管不希望预先判断研究结果，但分委员会似乎很可能会建议在给予一些财政补充的情况下保留澳大利亚南极科学咨询委员会的赠款计划，而且也更加强调关键优先领域的计划方法，确定已任命的小组负责人和委托研究，填补重要知识空白。如果采纳如此之多的改进措施，则不大可能在1992—1993年野外季节之前得到充分实施和资助。

结论

在过去10年中，澳大利亚南极科学界曾试图改善优先项目的确认和资源的分配，但对研究计划的有效的整合和管理的程度仍有疑问。批评者认为，强调"关联性"意味着采纳短期项目，以牺牲长期基础监测为代价，但科学家们不确定应当资助多少正在研究的项目。现在对项目报告文本进行了改进，但尚未使用具体标准详细评估项目的有效性或其他方面。南极局获得了大部分科学资金，然而人们还在怀疑，在国家优先事务面前，南极局的科学家能否有自由或以其他方式实现其目标。现在又出现了一个新的问题，即需要将研究重点转向环境管理方面。到目前为止，对这一领域的重视程度还很有限。澳大利亚政府是否会找新的财政来源来满足这些需求，还是重新分配现有的资金，这是个悬而未决的问题，大多科学家强烈反对后一种方案。

如果说澳大利亚在集中实施其南极科学研究计划方面似乎只取得了部分成功，那么其他国家的情况也大体如此。许多国家似乎在科学活动的范围和声誉方面都远远落后于澳大利亚，在环境管理方面更加相形见绌。但是，我们也许需要对南极和南大洋的国家科学研究概况进行详细地梳理，对这种判断才会有信心。

参考文献

Bahm A, "Science Is Not Value-Free", Policy Sciences, Vol. 1, 1971, pp 391-396.

Barnes J, Lets Save Antarctica, Greenhouse Publications, Richmond, Victoria, 1982.

Bechervaise J, The Far South, Angus and Robertson, Sydney, 1961.

Beck P, The International Politics of Antarctica, Groom Helm, London, 1986.

Beck P, "Antarctica As a Zone of Peace: A Strategic Irrelevance?" in: Herr R, Hall R, HawardM (eds), Antarctica's Future: Continuity or Change? KusivdXizn Institute of International Affairs, Hobart, 1990, pp 193−224.

Beck P, "Antarctica Enters the 1990's: An Overview", Applied Geography, Vol. 10, No. 4, October 1990, pp 247−264.

Beeby G, "The Antarctic Treaty System: Goals, Performance and Impact", Paper presented at Nansen Gonference, Oslo, May 1989.

Bergin A, "Australia and the Politics of CRAMRA", Paper presented at National Gonference, Australasian Political Science Association, Hobart, September 1990.

Beneviste G, The Politics of Expertise, Groom Helm, London, 1973.

Bush W, "The Antarctic Treaty System: Towards A Gomprehensive Environmental Regime" in: Herr R, HallR, HawardM (eds), Antarctica's Future: Continuity or Change?, Australian Institute of International Relations, Hobart, 1990, pp 119−180.

Commonwealth of Australia, ACAP Report, Towards New Perspectives in Australian Scientific Research in Antarctica, Ganberra, March 1975.

Commonwealth of Australia, Department of Primary Industries and Energy, Joint Statement by Minister for Primary Industries and Minister for Resources, Research Innovation and Competitiveness, Ganberra, May 1989.

Commonwealth of Australia, Joint Statement by the Prime Minister and Minister for Science, Science and Technology for Australia, Ganberra, May 1989.

Commonwealth of Australia, Australian Science andTechnology Gouncil (ASTEG), Environmental Research in Australia: The Issues, Ganberra, December 1990.

Commonwealth of Australia, Australian Science andTechnology Gouncil (ASTEC), Initial Outline for Issues and Options Paper, SettingResearch Directions for Australia's Future, Ganberra, June 1991.

Cross M, "Antarctica: Exploration or Exploitation?", New Scientist, 22 June 1991, pp 25−28.

Cullen P, "Values and Science In Environmental Management", Paper presented at Symposium on Water Management in the Alligator Rivers Region, Ganberra, April 1990.

Cumpston J, Macquarie Island, ANARE Science Reports, Series A (1), Antarctic Division, Melbourne, 1968.

Davis B W, "Science and Politics in Antarctic and Southern Oceans Policy: A Gritical Assessment" in: Herr R, Hall R, Haward M (eds), Antarctica's Future: Continuity or Change?, Australian Institute of International Affairs, Hobart, 1990, pp 39−46.

Davis B W, "Rhetoric and Reality in Policy Process: Antarctica As A Global Protected Area", Paper presented at National Gonference, Australasian Political Studies Association, Griffith University, July 1991.

Elzinga A and Bohlin I, "The Politics of Science in Polar Regions", Ambio, Vol. 18, No. 1,1989, pp 71–76.

Hamzah B (ed), Antarctica in International Affairs, Institute of Strategic and International Studies, Malaysia, 1987.

Harris S, "The Influence of the United Nations on the Antarctic System: A Source of Erosion or Cohesion?", Working Paper 10/1990, Department of International Relations, Australian Nat. University, Canberra, 1990.

Herber B, "The Common Heritage Principle: Antarctica and the Developing Nations", American Journal of Economics and Sociology (in press), 1991.

Heap J, "Cooperation in the Antarctic: A Quarter of a Century s Experience", in: Vicuna O F, Antarctic Resources Policy: Scientific, Legal and Policy Issues, Cambridge University Press, London, 1983, pp 103–108.

Kimball L, Southern Exposure: Deciding Antarctica's Future, World Resources Institute, Washington DC, November 1990.

Kriwoken L and Keage P, "Antarctic Environmental Politics: Protected Areas", Ecopolitics Conference, University of Tasmania, May 1987.

Law P, Antarctic Odyssey, Heinemann, Melbourne, 1983.

Laws R, "Unacceptable Threats to Antarctic Science", (Editorial), New Scientist, 30 March 1991.

Lopez B, "The Cold Clear View From the South Pole", Dialogue, Washington DC, No. 1,1990, pp 26–32.

Lowe I, "The Politics of Long-Term Issues", Paper presented at National Conference, Australasian Political Studies Association, Griffith University, August 1991.

Lyons D, Organisation and Funding of the Australian Antarctic Program (in press), lASOS, University of Tasmania, 1991.

Maynaud J, Technocracy, The Free Press, New York, 1968.

Mosley J G, Antarctica: Our Last Great Wilderness, Australian Conservation Foundation, Melbourne, 1986.

Mountfield D, A History of Antarctic Exploration, Hamlyn, London, 1974.

Peterson M, "Antarctica: The Last Great Land Rush on Earth", International Organisation, Vol. 34, No. 3, Summer 1980, pp 377–403.

Polar Research Board (USA), Antarctic Treaty System: An Assessment, Proceedings of a Workshop, Beardmore Field Camp, Antarctica, January 1985, National Academy Press, Washington DC, 1986.

Quilty P, "Antarctica As A Continent for Science", in: Herr R, Hall R, Haward M (eds), Antarctica's Future: Continuity or Change?, Australian Institute of International Affairs, Hobart, 1990, pp 29–38.

Roots E F, "The Role of Science in the Antarctic Treaty System", in: Antarctic Treaty System: An Assessment, National Academy Press, Washington DC, 1986, pp 169–184.

SCAR–IUCN, Conservation of Sub-Antarctic Islands, Report of a Workshop, Paimpont, France, September 1986.

Scholes A, FourteenMen: Story ofthe Australian Antarctic Expedition to Heard Island, Cheshire, Melbourne, 1949.

Slatyer R, "Improving the Dialogue Between Science and Government", Address to Royal Australian Institute of Public Administration, Canberra, 1991.

Spenser C, "The Evolution of Antarctic Interests" in: Harris S (ed), Australia's Antarctic Policy Options, Monograph 11, Centre for Resource and Environmental Studies, Australian National University, 1984, pp 113-129.

Suter K, Antarctica: Private Property or Public Heritage?, Pluto Press, Sydney, 1991.

Swan T, Australia In The Antarctic, Melbourne University Press, Melbourne, 1961.

Triggs G, International Law and Australian Sovereignty in Antarctica, Legal Books Pty. Ltd. Sydney, 1986.

Vicuna O F (ed), Antarctic Resources Policy: Scientific, Legal and Political Issues, Cambridge University Press, London, 1983.

第十四章　是环境驱动还是环境
友好的南极研究

巴里·海伍德①

摘要

　　科学是人类对环境的好奇心的表达。对科学研究的冒险是对未知的真正冒险。"显而易见"的现象很少是这样的！最初的研究方向通常会导致进一步的探索，而且对自然现象的理解是慢慢获得的。科学的"需求"驱动了研究的发展。优秀的科学家并不觉得这个过程令人沮丧，相反，这是一个非常令人兴奋且激发智力的过程。他或她坚定地乐于接受知识上的自律，严格遵守科学所要求的测量和分析规程，以获得真正的知识和理解。

　　《南极条约》承认这种基本的科学精神，通过允许完全的科学调查自由、鼓励国际合作以及要求自由交换科学计划和数据来寻求促进南极科学研究。在这一制度下进行的研究，清楚地揭示了南极洲自大约 1.6 亿年前超大陆的冈瓦纳古陆解体后以来，在气候和海平面调节等全球进程中所起的重要作用。它的岩石和冰原保存着过去的重要信息，这些信息与了解当前的全球现象以及预测诸如全球变暖等未来变化的影响有关。近乎原始的环境条件为研究臭氧消耗、生物群的紫外线–B 辐射以及监测全球污染提供了重要的实验室。南大洋有可能成为不断增长的世界人口的主要蛋白质来源。它可以利用很大一部分大气中的二氧化碳，因此是控制全球变暖速率的一个因素。

　　最近关于《南极矿产资源活动管理公约》的辩论以及随后关于《南极环境保护议定书》的谈判，由于环保主义者蓄意发动的甚至在科普媒体的自愿帮助下过热的虚假宣传，以及频频发表的评论暗示，南极洲被以科学的名义蹂躏，其声称应该建立新秩序，降低南极洲科学的地位。南极和南大洋联盟环保主义者工作组表示，在没有证明之前，所有的人类活动，包括科学研究计划在内，都应被视为对南极环境有害。有人建议完全行政化的管理（bureaucratic regulation），这肯定会产生这样的

---

① 作者简介见第 62 页。

影响：严格限制研究数量。它还将要求科学家参与广泛的监测计划，而这些计划确实有可能包括不相关的参数。科学家们有充分的理由担心，未来的南极洲科学计划将由律师和外交官在一群环保主义者的影响下制定，而这些环保主义者虽然声势浩大，大声嚷嚷，但他们对南极洲或科学没有什么直接的了解。这种"环境（环境主义者）驱动的研究"不会为科学家所接受。执行这样的方案将导致南极研究中一流科学家的大量流失，这将产生深远的影响，因为后者对理解全球现象具有重要价值。

幸运的是，明智的理事会占了上风。南极条约体系一直认为南极洲是一个特别保护区，特别意识到需要保护动植物，尽量减少人类的影响。在过去30年通过的175项措施建议中，有一半以上涉及养护和环境保护。在最近于智利维纳德尔马和西班牙马德里举行的条约会议上，人们认识到有必要将这些措施合理化，将其整合成一个更正式的机制。由此产生的《环境保护议定书》于1991年10月在德国波恩会议上通过。《议定书》将南极洲科学研究及其对环境的影响的管理权交给了国际科学界。我们有充分的理由认为，这项职责将得到认真履行。

积极从事南极科学研究的主要国家充分认识到，需要对全球和区域关注的环境问题进行研究，而且必须以环境无害的方式开展。没有一个优秀科学家愿意在一个肮脏的、不整洁的实验室里工作，无论是剑桥的办公室还是南极洲西部冰盖的办公室，这与某些环保主义者向公众散布的观点相反。因此新的《南极条约环境保护议定书》应该会受到欢迎，将来也会受到欢迎，因为这是一项重大和及时的发展成果，符合目前对人类给全球环境带来巨大影响的认识。

此外，人们认识到南极洲的恶劣环境不是低质量研究的借口。规划工作和评估成果质量的标准应该像适用于其他气候条件下进行的研究一样严格。南极研究对于理解全球过程的重要性以及实施南极活动的高昂费用也要求做到这一点。

为了支持上述论点，我将以英国南极调查局为例，来探讨其是如何制定和执行它的研究计划的，并将其研究计划与新的议定书联系起来，特别是与环境影响评估的要求联系起来。

英国南极调查局科学计划

英国南极调查局（下文简称"调查局"）负责英国在南极洲的几乎所有科学活动，特别是在西南极的活动。调查局正在南极洲开展一项非常全面的、对环境影响最小的、具有全球重要性的一流研究计划。

20世纪80年代，英国南极研究的迅速发展，使得有必要对调查局的科学计划和长期战略进行重组。1989年出版了《南极2000》。《南极2000》以五个基本主题为16个科学计划提供了一个总体框架。这些主题的制定特别考虑利用南极的科学独特性和南极洲全球作用的关联性。它们涉及南极系统相互依存的物理、化学和生物过程的主要研究领域——这一表述与国际科学联合会国际地圈生物圈计划的建议相类似，涉及普遍认为的南极洲科考的优先事项，以及对相关根本问题及时、重大贡献价值的评估。

这五个主题是：南极洲物理环境的模式和变化；西南极的地质演变；南极陆地和淡水系统的动态变化；南大洋生态系统的结构和动态变化；南极洲日地现象的物理学研究。

模型与南极洲的物理变化

在这一主题下有五个研究计划，结合了气象学家、冰川学家、地质学家和地球物理学家的专门知识和技术。用实地观测和数字建模等方式调查南极洲对全球天气系统的影响。正在根据过去几十万年来大气的自然化学成分和温度的数据，重建相关的气候历史，这些数据包含在冰层内的化学物质中。这个研究的目的是更好地了解冰-海洋-大气系统各组成部分的运作和相互之间的耦合。地质研究将气候信息扩展到更长的时间尺度，并处理气候变化的更广泛方面，如对南高纬度地区生物群的影响和演变。这个计划还研究了当下的问题如臭氧消耗和"温室效应"的过程。

西南极洲的地质演化

在该主题下进行的研究是探寻以南极洲为中心的超大陆冈瓦纳古陆的破裂，更精确地了解其碎片的分散和演化。这项地质研究得到了覆雪（oversnow）和近海地球物理研究的补充。所获得的知识对地质科学的诸多方面做出了根本性贡献。同样，这项研究也增进了对全球活跃俯冲带（subduction zones）的了解。

南极陆地和淡水系统的动态变化

南极洲相对简单的陆地和淡水生态系统有助于环境与生物群关系的研究。最近冰川消融的地面允许研究原始定殖的过程。这些研究整合在一个计划中，探讨了在面对南极洲恶劣的陆地环境时生物的生存策略，将其与生态系统发展联系起来。各种生态系统的数据被组织在一个综合资源中心内。这些数据形成了基线，可以根据这些基线来检测未来的变化，无论这些变化是全球变暖、紫外线-B照射增加还是更直接的人类干预所导致的。该数据库对于制定保护区的保护政策和管理计划至关重要。

南大洋生态系统的结构和动态变化

南大洋生态系统的调查，将实地研究和实验室研究与数值模型相结合，涵盖了浮游生物、自游生物的非生物环境的所有主要组成部分，以此作为评估自然和人类引起的变化可能产生的影响。研究重点放在作为重要生物资源的种群上，包括南极磷虾、鱿鱼和鱼类。直到对主要能量途径（energy pathways）和组成部分之间的原理相互作用有了量上的了解（quantitative understanding），否则就不可能正确地利用生物资源并保护生态系统。生物地球化学循环研究的各个方面对于评估南大洋在碳循环和气候行为等全球过程中的作用至关重要。鸟类和海豹是南大洋食物网中的顶端捕食者，目前正在对野生鱼类种群（free-ranging pelagic species）的能量消耗和活动量多少进行开创性研究。通过测量繁殖率和死亡率来研究种群数量变化的原因，区分与年龄和经验有关的影响以及与资源尤其是食物和空间的可获得性有关的影响。这三个计划直接服务于南极海洋生物资源养护委员会及其生态系统监测计划。

来自南极洲日地现象的物理学

来自太阳的带电粒子流，即太阳风，与地球的磁场相互作用，扭曲了地球磁场。太阳风在强度和方向上不断变化，可以在地球大气层的外围（也就是所谓的地球空间）产生磁暴（magnetic storms）。磁暴导致发光，即所谓的北极光和南极光。磁暴还影响无线电通信，扰乱卫星的轨道，并通过强烈的辐射破坏卫星轨道。磁暴还能造成大面积停电，如 1989 年 3 月魁北克省大部分地区断电，原因是在长距离电力运输线上引起巨大的电流激增。地球磁场在极地地区的汇聚，为人们提供了一个"太空之窗"。南极洲为研究这些现象的大型雷达和无线电航空阵列提供了一个理想的位置。通过研究磁暴，可以预测磁暴发生的时间，并采取措施尽量减少其干扰。在南极洲可以在地面研究许多类型的自然无线电波。对它们的行为进行研究，可以得到有关地球空间的电离气体（等离子体）密度和结构的信息。这些知识适用于通过受控等离子体核聚变发电的实验室研究，以及改进无线电通信。人类已经以多种方式污染地球空间，但目前还没有足够的知识来评估可能的后果。这些计划的一个长期目标就是预测人为干扰的影响。

此外，还有两个与科学主题无关的研究计划，它们旨在促进调查局提高活动标准。

在偏远极地社区中的人类

这项研究计划由调查局科考站的医生执行。总的来说，该研究利用年龄、体质和饮食相似的独特人群，与外界污染隔离。研究内容包括同源褪黑素（hormone melatonin）在控制人体对日照时间的季节性变化的作用——"时差"效应，以及利用分子生物学技术研究微生物物种的遗传基因变化。保健研究旨在改善目前的预防医学实践以及考察队医生培训课程的内容。

南极地理信息和制图

这是调查局的最新研究计划，是对数据库进行协调和改进，以便更好地开发研究计划之间的跨学科联系。正在与其他国家和国际数据库建立链接，以支持国际南极战略的发展。该计划使用最先进的技术，包括卫星图像和数字地形模型的强有力组合，以地图形式整合各种数据。

英国南极调查局科学管理程序

任何研究战略，无论其构思多么巧妙，如果不谨慎实施，不进行质量控制，都不可能产生一流的科学成果。英国南极调查局的管理程序是将严格的同行审查与谨慎的管理相结合。

同行评审

调查局的主要研究计划一直进行外部审查，目前的程序包括自然环境研究理事会（the Natural Environment Research Council）组织的五年期和年度审查。每隔五年，必须为每项研究计划准备详细的方案，由自然环境研究理事会提交给 10 位或更多位具有世界级地位的科学家进行独立的外部审查。然后由自然环境研究理事会计划审查组与英国南极调查局的主任、副主任和科研人员进行讨论，审议这些建议和评审意见。自然环境研究理事会计划审查组也是由著名科学家组成的独立机构。每个审查组的主席将报告和建议提交给相关的自然环境研究理事会科学委员会征求意见，然后连同他们的补充意见提交给自然环境研究理事会极地科学委员会批准。最后，提交给自然环境研究理事会批准。这一过程虽然漫长，但其目的是确保拟议的研究在现有技术和现有资源的情况下是及时的、相关的，且是可行的。

目前，调查局南极战略所研究的现象和过程的性质和规模决定了其研究计划是长期的。大多数研究计划的期限至少为十年。然而，观念和技术不断变化，不仅需要进行五年期审查，还需要进行年度审查。年度审查利用了每个计划内的工作都是由一系列时间短得多的叠加项目（overlapping projects）组成的这个事实。这些组成项目具有非常具体的科学目标和明确界定的年度任务，使评估变得轻而易举。

科学家为他们的项目准备年度进展报告，将年度报告设定的任务与实际成果挂钩，并更新成果发表清单。年度报告中列出制约项目进展的因素、可能出现的额外资源需求、来年的任务清单。每年六月，主任和副主任会在项目进度报告部门（the Project Progress Report）的协助下与各科学部负责人进行讨论，对每个项目进行严格评估。成绩不佳的项目可能会在这个阶段被要求修改、减少或取消。此后，这些报告将根据上级计划（parent programme）进行调整，并送给计划审核组的成员进行评估。审核组将在 7 月至 9 月的某个时间去调查局，与各个科学家和高级管理层讨论正在进行的研究和未来的计划，然后各自向自然环境研究委员会科学委员会和极地科学委员会提交报告。极地科学委员会最终向调查局理事会报送调查局研究质量报告。

项目选择

一个研究选题从申请到实施至少需要 18 个月。一个选题，在科学部门系统中（parent Science Division），经申请人和同行专家之间反复论证后才能确定下来。接着编写《项目建议书》。《项目建议书》不仅要详细说明研究计划的科学价值，还要说明整个项目周期的资源成本——人员、科学设备、经常性费用、后勤、环境影响和废物产生。科学部会进行可行性评估，将新项目与其他新计划项目和既定项目一并评审。然后将《项目建议书》提交给调查局后勤部门和现场作业工作组的相关专家，以及调查局健康与安全干事和环境干事进行详细评估。他们的职责是根据南极环境和现有技术判断新项目的可行性，评估新项目和既定项目的组合在未来五年内对调查局后勤资源的总需求以及作业要求。最后，研究计划在调查局高级管理团队（主任、副主任、行政处负责人、科学处负责人）内部讨论后，由调查局主任批准。在同行评议的过程中，专家也会与计划审查组讨论一些新项目。

虽然调查局最近才任命南极环境官员，但却是首批这样做的国家南极运营部门之一。南极环境官员负责执行调查局的环境政策和《环境保护议定书》的规定，并负责协调和监督调查局在南极日常活动中所有的环境管理，其工作还涉及安全和恰当地处置废物，以及可以向调查局环境管理与保护委员会寻求建议，后者负责制定调查局环境管理政策。

英国在南极洲的研究从规划、实施到结束，每个阶段显然都要接受严格的审查。使用具有国际成员资格的独立审查机构，确保了研究的及时性、相关性和一流的质量，而且该研究只有在南极洲才可能进行，或者只有在南极洲才能完成得最好。英国的南极研究计划在质量和产出、成本效益等方面都是首屈一指的，声誉极佳。

英国南极调查局的科学与《南极条约环境保护议定书》

《南极条约环境保护议定书》（以下简称《议定书》）没有给调查局带来任何困难。调查局始终依据南极洲是一个特别保护区的信念行事，一直努力保护动植物，尽量减少调查局工作的影响。在所有与环境和生态系统保护有关的南极条约体系和南极科学研究委员会各机构中，调查局的工作人员都表现卓越，对《议定书》中体现的一些倡议负责任。调查局使用多层次的同行审查制度，包括独立的审查机构和来自国际上的评估人员，应该能防止调查局的科学家们不小心违反《议定书》。评估人员和审查人员肯定不会将地质研究所涉及的取样规模和方法与矿产资源勘探所需的那些混为一谈！锤子不等于钻头；实地考察的岩石样品盒与以 50 米间隔进行的物产资源勘探钻探过程中获得的 1 000 多米的岩芯不一样！他们也不允许对地球物理数据的分析拖延，以防引起商业利益方面的涉密嫌疑。

环境影响评估过程所需的时间不成问题。完整的环境影响评估不得超过 15 个月，而调查局的研究项目准备时间至少为 18 个月。

研究需要基础设施，如果不提及主要的基本建设项目，本节就不会完整。调查局刚刚在阿德莱德岛罗瑟拉角（Rothera Point）的科考站建造了一条碎石跑道。它位于过去十年中因冰山退缩而露出来的、没有植被的一块地上。尽管每年夏季偶尔会在海岸上发现少量动物，但这里不是海豹或鸟类栖息地。考虑到 1987 年《南极条约协商会议建议 XIV-2》中人类对南极环境的影响，调查局在 1987—1988 年考察季节进行了特别实地考察之后，自愿制定了环境影响评估草案。该草案已发送给所有南极条约成员国政府、非政府组织和独立专家征求意见。根据收到的意见和第二次现场考察，准备了最终的环境影响评估，于 1989 年 8 月发布。1990 年 1 月开始施工。在 1990 年 4 月的施工期间，调查局邀请了野生动物保护协会（Wildlife Link）的一名代表对现场进行检查，应她的要求，扩大了油罐周围的隔离护堤，以确保在发生灾难性溢出时能充分保留油罐，以前设计这种隔离护堤是为满足加拿大北极地区的规格要求。在 1991—1992 年野外季节时，同一个人将对飞机跑道及其运行进行进一步的独立检查。自 1990 年开始施工以来，调查局一直在监测空气中的尘埃、土壤样品中的碳氢化合物含量以及附近岩石断崖上的地衣中含有的重金属，这项工作是生态系统和自然保护研究计划的一个项目。飞机全面运行后，将发布环境影响报告。

调查局建议重建和扩大其在南奥克尼群岛西尼岛的科考站，这需要对科考站进行改建，以提供现代化的实验室和居住环境，应对调查局、大学和外国科学家对场所不断增长的需求。为了最大限度地减少对环境的影响，旧站点和旧设施被拆除，新站点在原址上兴建。初步环境评估报告于 1990 年公布，已发送出去征求意见，至今没有收到任何负面的意见。我们再次邀请野生动物保护协会提供一名检查员，在重建计划完成之前、期间和之后进行独立审查。调查局研究发现，在紧靠近海的海洋沉积物中，有一些来自本站的碳氢化合物污染，但在 500 米内已降至接近自然环境水平。在 28 年的时间里，通过对该站所在海湾内的海洋浮游生物和底栖动物进行研究，没有发现任何负面影响。

自 20 世纪 40 年代初以来，英国一直在南极半岛地区持续存在。调查局继承了一些废弃的站点，这些站点的建立主要是为了到达一些地区进行科学研究，当狗拉雪橇不能满足这段交通需求时，这些站点就遭到了弃用。调查局对此提出了严厉的批评，但还是承担了管理这些站点的责任。调查局申请了一笔特别拨款，用于支付必要的拆除和处理费用。这项工作正在安排中，以便在尽可能短的时间内完成拆除工作，不影响科学计划。不应该用过去的事情来否定现在的举措和成就！

总而言之，调查局发现环境影响评估是一种有价值的管理工具，在计划阶段的适当时候可以集中关注环境问题。它既不应妨碍一流科学研究的执行，也不应阻碍精心设计的建设项目的实施。

结束语

当环境影响评估取决于国家的规程时，其有效性在最初阶段就决定了。在大多数《南极条约》缔约国中，这些规程反映出对可察觉到的、人类对区域和全球环境的影响所引起的严重关切。在另外少数几个《南极条约》缔约国中，这些规程是象征性的。除非在南极条约体系内外都有英明和耐心的理事会占上风，否则可能很快就证明这是《议定书》的致命弱点。大多数国家都像英国南极调查局那样认真地开展工作，随时迅速地修改技术和操作程序，以反映人类对环境和动植物影响的日益了解。但是，少数国家不会这样做，要么是由于漠不关心，要么很可能是由于无知或缺乏资源。如果环境影响评估制度被如此滥用，那么问题就来了，应该采取什么措施呢？这就是令人担忧的地方。如果试图采取一种更严厉的制度，即除非另有证明，否则所有的活动都将被视为有害的，由于大量行政机构卷入其中，该制度充其量只能减少所有国家进行的有价值的科学活动。如果认为后勤活动也将相应减少，那就太天真了。最坏的情况是这样的机制可能导致不服从的国家离开南极条约体系，但不离开南极！那种认为很容易达成协议、很容易找到方法来"监督"（police）南极的想法是极其愚蠢的。

我认为，前进的道路是耐心遵循《议定书》第六条精神的指导。期待一个国家在南极洲的科学和环境关注标准高于其国内的标准是愚蠢的！需要的是合作、分享信息以及科学和技术教育，而不是立法。与最近蓄意策划的错误信息运动给人的印象相反，南极洲不是一个过度拥挤、严重污染的小岛。它是广阔的、相对不受影响的区域，覆盖了地球表面积的1/10。南极2%的无冰区比英国的国土面积还大。在南极野外旺季，科学家和辅助人员总数在2 000~3 000人之间，分布在大约50个科考站中。这种极低的人类密度，对其中的几个站点产生了所谓的"重大"影响。我们知道对南极洲的主要影响来自该地区以外的地方——氟氯化碳、重金属、放射性尘埃、全球变暖的潜在影响！

这不是自鸣得意的抗辩，而是对南极研究真正成本的客观和严肃的评估。必须是科学驱动——不能是环境驱动——的研究，这是与全球环境问题有关且必须对环境有益的研究，是对地球和人类未来的福祉至关重要的研究。

第十五章　对南极研究的一些看法

丽塔·科威尔（Rita R. Colwell）是马里兰州生物技术研究所所长兼马里兰大学微生物学和生物技术教授。科威尔博士研究方向为海洋生物技术、海洋和河口微生物生态学、海洋环境中病原体的生存和病理、深海海洋微生物学、微生物降解以及将基因工程微生物释放到环境中等，发表了约 400 篇科学论文和 12 部著作。她曾担任马里兰大学学术事务副主席，美国微生物学会主席，现任极地研究委员会副主席以及美国国家科学院/全国研究理事会等众多委员会成员。科威尔博士是西格马·习（Sigma Xi）荣誉学会的前任主席，美国国家科学委员会成员，国际微生物学会联合会主席。

在国际上，南极研究属于国际科学联合会理事会大家庭中的南极科学研究委员会的职权范围。1991 年，理事会总务委员会将南极科学研究委员会（下文简称科学委员会）列为需要审查的机构之一。为此成立了一个专家组，专家是从整个科学界挑选而出的，我本人担任主席。

专家组被要求评估南极研究，包括科学委员会的目标、工作质量、财政支持、科学委员会在网络建设方面的成功经验以及跨学科国际研究网络的活动。评估报告已提交给 1992 年 11 月 5 日至 7 日在耶路撒冷召开的国际科学联合会理事会总委员会第 30 次会议，当场就批准了该报告的结论和建议。会议认为，科学委员会本身应根据评估报告中提出的观点对其作用和结构进行详细审查。大家普遍同意应鼓励委员会将科学放在首位，同时不放弃其在决策方面的作用，并考虑将北极科学纳入其工作范围。此外，建议科学委员会重新审查自己的组织，考虑为其活动筹集资金。

下文将介绍评估过程中形成的一些关于南极研究的看法和观点。这些意见在很大程度上是根据上述报告提出的。从中可以看出，总的主旨是，南极科学研究委员会作为国际南极科学研究的牵头机构，其作用极为重要。

鉴于近年来南极条约体系发生的变化，以及促使研究议程向监测活动方向发展的巨大压力，必须认真确定南极科学研究委员会的任务。

从国际地球物理年到国际地圈—生物圈计划

从历史上看，南极科学研究委员会是南极研究特别委员会的延续，后者的任务是在国际地球物理年期间监督、协调和促进南极科学研究。

南极研究特别委员会于 1958 年 3 月在海牙成立，这是 1957 年 7 月布鲁塞尔会议上国际科学联合会理事会主席团授权其执行局做出的决定。1961 年改名为南极科学研究委员会。当时活跃于南极洲的 12 个国家的科学家都参与了科学委员会的活动。

科学委员会的成员包括活跃于南极研究的各国国家科学院的国家委员会或研究委员会，相关的国际科学联合会理事会成员和准成员，以及准备在南极开展研究的国家科学组织。在过去的 30 年中，会员人数增加了 1 倍以上。国际科学联合会理事会执行秘书克拉克森博士（P. D. Clarkson）在 1990 年的报告末尾列出了 24 名正式会员、7 名国际科学联合会理事会会员和 4 名准会员。在 1992 年 6 月 15 日至 19 日阿根廷圣卡洛斯·德巴里洛切举行的委员会第 22 次会议上，又增加了 1 名正式成员和 2 名准成员。此外，过去以对南极研究的杰出贡献而闻名的许多高级科学家的名字也以个人身份作为科学委员会的荣誉会员。科学委员会现任主席是英国的理查德·M. 劳斯（Richard M. Laws）博士，前任主席是法国的克劳德·洛瑞斯（Claude Lorius）博士。

出于种种目的和企图，在科学委员会内，"南极地区"被认为是南极幅合带环绕的区域，尽管某些位于南极幅合带之外的亚南极岛屿也可能包括在科学委员会的兴趣之中（见附录 3）。换句话说，无论是过去还是现在，都没有必要对其感兴趣的海洋区域的界限给出更精确的定义。

科学委员会的主要目的是，现在仍然是，为在南极开展研究活动的所有国家的科学家提供一个论坛，以讨论他们的实地活动和计划，促进他们之间的合作。

从一开始科学委员会就是一个网络，每两年举行一次会议，由参加国轮流主持。科学委员会在英国剑桥的斯科特极地研究所设有一个小型秘书处，斯科特极地研究所出版的《极地档案》（Polar Record）是一本极地研究期刊，其中纳入了有关科学委员会的活动报告。《极地档案》每季度刊发《委员会公报》，内容包括科学委员会会议及其执行会议的文件。自 1986 年以来，《科学委员会报告》不定期出版发行，为科学委员会及其 8 个学科工作组以及专门为重要任务建立的许多专家组的工作进行更为详细的特别报告。

在 20 世纪 80 年代后期，为了应对日益增加的关联性和责任性的压力，特别是在环境问题领域，科学委员会改组了许多工作组，成立了许多新的专家组来处理这个领域的新倡议。国际地圈—生物圈计划指导组成立了，最近被升级为专家组，以便与国际研究计划联系并制定委员会的 6 个核心计划。后勤工作组在南极局局长理事会下（Council of Managers of National Antarctic Programs，成立于 1988 年）进行了重组。南极后勤和作业常设委员会在科学委员会中与南极局局长理事会联合。南极后勤和作业常设委员会取代了以前的后勤工作组。遗憾的是，科学委员会、南极后勤和作业常设委员会和南极局局长理事会的职责存在着重叠问题。3 个机构之间密切的工作关系和交互式反馈非常重要，特别是在支持大型国际和跨学科计划方面。科学委员会的作用应该是提供科学政策建议的机构之一，在南极局局长理事会代表的国家计划中促进适当的研究优先事项进行合作。

当前战略

在科学委员会执行委员会最近的战略讨论中指出，该组织有必要"提高其在南极事务中的影响力和知名度"，尤其是"随着科学、法律和司法事务、养护和环境问题、商业利益，以及随着南极条约体系的演变而获得的更广泛影响力的政治框架等重要问题的出现，南极事务日新月异"。还指出，"越来越需要重新审查与全球科学计划有关的整个科学数据和信息交流问题"。科学委员会和南极局局长理事会联合工作组目前正在解决南极数据库系统的开发问题，工作组已取代了先前的科学委员会特别委员会。这在地球科学中尤为重要，因为在地球科学中，许多国家在海上勘测过程中积累了声学和地质数据，正在收集这些数据并存储在科学委员会开发的地震数据库系统中。目前正在讨论制定数据收集指南，不仅是因为要实现数据标准化，而且也是因为从商业角度来看，不同国家收集的一些数据是敏感的。

南极数据协调特设委员会涉及生物学、地球科学（包括冰川学）、大气科学、大地测量学和地理信息系统、南极海洋系统及生物种群调查计划（1976 年开始的多国海洋资源数据计划）和后勤。为拟议中的大型项目开发适当的数据管理组织是大有裨益的。为过去研究开发数据库虽然也有价值，但并不是由明确确定的优先科学事项所驱动，可以视为一种服务功能。

为了最大限度地降低成本，较小和新近加入委员会的成员国也一直要求更好地协调，尤其是科学研究计划。

任务分工

特别专家组承担科学和咨询的双重任务。例如，与海洋科学研究委员会（国际科学联合会理事会海洋科学研究委员会）共同建立的南大洋海洋生态学专家组，是审查和协调南大洋海洋生态学及相关领域正在进行的活动和新活动的论坛，要求它就捕捞业对海洋生态系统的可能影响提供建议。

各学科工作组包括大气物理组（更名涵盖"大气的物理和化学"），该组更多

116

关注环境因素（如放射性元素和污染物），同时成立了一个专门研究"上"端的新组，用于太阳、陆地和天体物理学研究。电离层和磁层现在被统称为地理空间，反映了向系统性思考转变。固体地球物理学组关注地球作为一个系统的结构和动态行为。

冰川学组关注冰原的物理和化学特性，力求更好地了解气候变化，并鼓励通过深部岩芯钻探研究冰原"档案"中过去的"温室气体"水平。海冰季节性增长和范围的变化也很重要，因为它影响了整个大陆及其气候的总反照率（即反射特性），并对世界气候产生了影响。对冰川运动以及冰、海洋和大气之间的相互作用的研究越来越多地使用遥感技术，尤其是在轨道卫星中可用的技术。在这里，跨国合作和数据库标准化非常重要，尤其对那些寻求对大气、海洋和冰冻圈系统进行测算的全球计算机仿真模型的分析师。

地质工作组鼓励对南极洲大陆系统的形成方式进行分析，探讨塑造过去并将继续塑造未来的地壳力量和过程如何？通过对岩石和化石的研究可以了解气候的历史，从而了解生活在该大陆及其周围的动植物的进化。大多数问题都超出了任何一个国家的后勤和财务能力范围，因此科学委员会成立了两个专家组以促进和协调两个特定领域的国际研究：一个是关于南极岩石圈（刚性壳）的结构和演化，另一个是关于南纬高维度地区新生代古环境（即大约6500万年前）的演化信息。

1988年，科学委员会执行委会成立了环境事务与保护专家组，这标志着要进一步容纳环境问题。随着南极后勤和业务常设委员会的成立，后勤职能的重要性也得到了提高。后勤常设委员会在科学委员会之外，但与科学委员会"联合"。科学委员会其他工作组还有大地测量学和地理信息工作组、人类生物学和医学工作组。

新举措

科学委员会采取了一些新的举措，例如1991年在不来梅举办了一次南极科学会议。遗憾的是，不来梅会议未能达到预期目标，即在政治、公共信息和环境科学界中为南极研究创造较大的知名度。

如前所述，许多南极研究新成员已经加入了科学委员会。其中一些，特别是最近几年加入的，要求科学委员会努力协助其更有效更和谐地参与南极科学研究。第三世界国家当然是这种协调的重要组成部分。

科学委员会科学家正在寻求打破传统上南极科学研究隔离于国际研究之外。《南极科学》杂志是朝着这个方向努力迈出的有益一步，尽管更广泛的文献的论文发表可能对此有所帮助。科学委员会已做出努力，使其与其他领域的全球计划（尤其是全球气候计划）更加紧密地联系在一起，并与国际科学联合会理事会其他机构进行更多的互动。

为了对环境问题和对全球变化计划等的国际努力的承诺，科学委员会改组了工作组和专家组，改组后的科学委员会更加关注南极所需的研究类型。目前还不能确定的是，南极后勤和作业常设委员会和局长理事会作为独立的组织，其成立将在多大程度上带走委员会的核心协调能力和活动。如果这种情况确实发生，那么科学委员会应多方要求有效提供科学咨询的重担将有所减轻。为了更清楚地确定科学委员会在这种新的情况下的角色，明确界定科学委员会、南极后勤和作业常设委员会和南极局局长理事会之间的职能分工及其相互关系将是非常有益的。

在新条件下重新界定南极科学研究委员会的领导角色

毫无疑问，在不断变化的南极科学议程中，科学委员会的角色需要重新界定。

南极科学家最关心的是保持高质量的科学。在这种情况下，进一步加强委员会的领导作用将很有价值。

科学委员会领导下的国际科考站对科学委员会的活动提出了要求。科学委员会可以在确定新科考站的地点标准方面发挥更重要的作用。这项工作一直以来基本上是由各个国家来做，有时政治和后勤方面的权宜之计压倒了对项目科学价值的重视。如果一个国际考察设施能促进高度优先、明确界定和有重大意义的科学研究，则科学委员会能发挥积极作用。

正如埃尔辛加（Elzinga）所说，"关于南极科学内部、同行评审和质量控制标准与外部相关标准之间有着相互作用，科学界提出了一些问题。环保主义者的关注使相关的压力越来越大，这对南极科学和工作产生了影响。科学委员会的策略是更多地考虑战略研究，但同时要保持扎实的学科科学基础，科学委员会应在更大程度上负责国际研究计划吗？国家计划应该比现在更多地遵循这些综合计划吗？"

埃尔辛加教授进一步指出，南极洲不断朝着自然资源方向的变化，将影响到人们对这块寒冷的大陆作为研究对象的看法。因此，自然资源和基础研究这两个方面之间存在着复杂的相互作用，一方面需要改变全球政策的议程，另一方面又需要改变南极研究的趋势，这是内外因素博弈的产物，即对科学利益而言的内部因素，以及设定更广泛的关联性架构因素。

30 年前，《南极条约》制定时基础研究首屈一指。10 年前，由于石油和矿产资源潜力前景相关的政治压力以及海洋资源管理的实际需求，对科学家的活动产生了重大影响，包括研究议程的确定和维护的方式。目前，来自环境组织的压力和全面的保护主义制度的引入，将科学置于紧张的监视之下，使科学家们忧心忡忡。有人担心，良好的意愿可能会终止良好的科学。

1991 年 10 月 4 日《议定书》通过，目前正在批准过程中，根据《议定书》将设立一个环境保护委员会，科学家将在其中发挥重要作用。其任务之一是评估环境影响，并在协商会议上向协商国提出特别管理区的管理计划。科学委员会被邀请提供意见，但它的作用似乎是次要的，因为建议是通过环境委员会提供的。在这种新情况下，科学委员会必须更加准确地阐明其作用。

预算与组织

总的说来，科学委员会用相对较少的钱完成了质量不错的工作。目前，科学委员会每年的预算约为 20 万至 30 万美元之间，据说为满足科学委员会各个工作组的要求、举办跨学科研讨会的要求和其他要求就用了一半。这笔钱，实际上相当于其他领域的一些国际组织召开一次会议的费用，包括同声传译和其他场地费用。在科学委员会的情况下，预算被分散在许多高度竞争的活动中。预算极少是一个非常严重的问题，尤其是在参与南极研究的国家数量不断增加、科学咨询任务的不断增加、对科学委员会进行同行审查的要求不断增加以及科学领域的新倡议不断增加的情况下。

总的来说，科学委员会的组织架构和运作模式适合 30 年科学前委员会由一小群科学家组成时的条件。在当前的世界形势下，科学委员会自然要重新审查它的组织架构。科学委员会的性质是对需求的反应，而不是憧憬未来，这已成为一个问题。许多科学家要求科学委员会更加积极主动建立另外机构，以更好地应对当前的需求和压力。过去几年，科学委员会在科学政策咨询领域的活动有所减少，因为在南极条约组织内有许多其他机构发挥了这一作用。因此，科学委员会可以考虑将更多的精力集中在科学研究上，而不是科学咨询职能。

越来越多的南极研究成为其他国际计划或研究前沿的一个方面，这些计划或研究前沿是跨学科的、任务导向型的。显然，在理论层面出现了全球化，各个领域都取得了巨大的进步。在必须将研究成果融入更广泛的学科和战略研究的情况下，特别是在倡议主要来自其他国际机构和协会的情况下，科学委员会很难满足这些需求。因此，科学委员会发现自己一直处于被动状态，而且由于科学委员会目前的结构，很难在认知、体制和研究政策层面上满足当前的需求。

科学成果和独特机会

科学委员会开展的许多活动都取得了非常有益的成果。南极海洋系统及种群生物调查计划完成了，于 1991 年 9 月 18 日至 20 日在德国不来梅港组织了一次重要的研讨会。该计划可追溯到 1976 年，但其起源于 1968 年在英国剑桥举行的第二届科学委员会生物学研讨会，1972 年成立了南大洋海洋生物资源组委员会。1976 年，第一届南大洋生物资源国际会议在美国马萨诸塞州伍兹霍尔举行，在那里完成了该计划文件的第一稿。

科学委员会意识到并试图解决大量研究工作带来的数据激增和开发高效数据库这一问题。

成员国数量的增加导致委员会会议和组织的变化。以前南极研究科学家在规模较小的"俱乐部"开会和分享信息，现在已经变成更大规模的会议和更多成员的工作组。学科工作组会议会有时会变得不堪重负。

在过去几年中，公众对全球环境问题，特别是对南极洲等幸存"荒野地区"的环境问题的认识和关注不断提高，使人们更加重视极地地区。南极条约体系中的《马德里议定书》就是在这种新的国际心态下产生的。科学委员会在提供恰当环境管理所需的科学背景方面处于独特的地位，但也有人担心给南极条约体系提供建议会削弱科学委员会提高基础科学研究的能力。同时，人们的环境意识也在提高，南极的科学活动和旅游业（可能会不受监管地爆炸性增长）正对环境造成更大的压力。

由于参与南极研究的大国体系的复杂性和相互之间的关系，对开展相关的南极科学和科学委员会造成了额外的压力。现代化的、大规模的和复杂的计划需要强有力的协调和有效的国际合作。

从本文对科学委员会的简要回顾中，可以得出结论：对科学委员会的结构进行有益的审查并考虑重组，提供更有力的基础设施支持和一系列明确的优先任务，以获得更有针对性的研究主题和努力，包括相关科学领域的质量控制（同行审查）。有许多问题必须要解决：由于许多新国家的加入而带来的组织复杂性；第三世界科学家在参与研究和培训计划中的作用；运作所需的资金和寻求新的资金来源的必要性；在与其他国际或跨国组织的大型研究计划合作的过程中保持主动性；注意开发足够的数据系统（例如，扩展地震数据库系统以包含所有科学数据，即科学数据库系统）；最后但并非最不重要的是，科学委员会和国际北极科学委员会之间的关系。

可以成立一个南极科学基金会，以便设计新的体制安排；此外，科学委员会可以更加注重海洋和陆地科学。南极科学基金会的目的是建立一个机制，其本身是国际性的，以协调、激励和筹集南极研究所需的资金。建立南极科学基金会的建议源于这样一种信念，即需要一个更积极主动的领导机构，来激励基于国际前沿科学的研究议程，更有效地参与其他国际计划如全球气候计划，以及利用最先进的技术缩短从提出想法到实施项目的时间。但是，如何为这样一个基金会筹集资金，还需要开动脑筋想办法解决。

显然，各国在极地研究中的兴趣有很强的推动力，可以利用这一点，给予新的制度安排，特别是抓住欧洲国家的兴趣。

南极科学基金会是一个有趣的想法，但不应将其设置为一种替代性的机构。当然，科学委员会仍可发挥作用，以确保南极研究更强的国际主义特征。无论如何，在国际科学联合会理事会之下设立一个南极科学基金会，并隶属于委员会，可能有助于满足某些需要，并有助于满足在南极洲建立国际科考站的要求，以开展高度优先、明确界定和关联性科学研究。

总结和结论

简而言之，委员会的目标包括促进、协调和监督众多国家计划的南极研究，并根据要求为南极条约体系提供服务。前者是通过工作组和专家组实现的，后者由专家组和科学家个人处理。当然科学委员会的这些工作尚未完成，还将继续下去。后一项任务无疑将更加艰巨，今后研究议程和咨询议程之间的矛盾将会增加。

在某些情况下，科学委员会主持下的研究表现出向监测而非科学研究目标的转移，而且有些研究领域似乎游离于国际研究前沿。总的来说，由于资金不足，科学委员会目前处境困难，无法完成要求其完成的任务。重要的新举措缺乏资金，科学委员会成员提出批评，认为花在科学咨询职能上的时间和精力太多，例如南极条约体系，应将更多地注意放在开展出色的科学工作上。最后，有必要找到提高第三世界科学家参与南极研究的机制。

科学委员会的使命和目标可能会更加明确，需要清晰地界定科学的协调、激励和提高质量的职能，更多地关注科学，淡化或取消科学咨询功能。

毫无疑问，按照委员会的目标来运营，资金太少了，且缺口正在迅速扩大。成立南极科学基金会，吸引资金，为南极研究提供资金池，加强科学委员会在南极洲的作用，这些都值得探讨。

显然，科学委员会参与解决由国家研究计划发起的重大问题，最明显的例子是臭氧层研究，这需要科学委员会内的某些工作组及其执行委员会尽最大的努力，在国际计划中——尤其是全球变化的计划中——更强有力更有效地实现现代化和互动。

科学委员会的工作一直以来卓有成效，现在不妨考虑一下当前南极研究的需要，以及与国际科学更加接轨的组织结构，应在臭氧层研究、深冰芯钻探、气候学的系统建模、古植物学、与南极有关的生物技术、大气化学、板块构造学等领域的前沿科学研究中发挥领导作用。

科学委员会显然在南极洲肩负着重要使命，尤其是在协调南极洲科学研究方面。最令人欣慰的是，有新的年轻科学家加入了科学委员会的活动。在未来，科学委员会无疑将更加重视科学，努力服务科学。

附　录

附录 1

APPENDIX I

Invited Speakers

Dep. Dir. James Barnes
Friends of the Earth
219 D. ST SE Washington
DC 20009
USA

Nigel Bonner
S.C.A.R.
S.P.R.I. Lensfield Road
University of Cambridge
Cambridge CB2 1ER
United Kingdom

FK Ingemar Bohlin
Inst. f Vetenskapsteori
Göteborgs Universitet
S-412 98 Göteborg
Sweden

Prof. Bruce Davis
Inst. of Antarctic and South-
ern Ocean Studies
University of Tasmania
PO Box 25 2C Hobart
7001 Australia

Prof. Aant Elzinga
Inst. f. Vetenskapsteori
Göteborgs Universitet
S-412 98 Göteborg
Sweden

Dr Ronald B Heywood
British Antarctic Survey
High Cross Madingley Rd
Cambridge CB30ET
United Kingdom

FL Lisbeth Johnsson
Statsvetenskapliga inst.
Göteborgs Universitet
Sprängkullsgatan 19
S-411 23 Göteborg
Sweden

Prof. Anders Karlqvist
Polarforsknings-
sekretariatet
Box 50005
S-104 05 Stockholm
Sweden

Prof. Kent Larsson
Institutionen för geologi
Lunds Universitet
Sölvegatan 13
S-223 62 Lund
Sweden

Dr Riita Mansukoski
Min. of Industry and Trade
P.O. Box 230
SF-00171 Helsinki
Finland

Dr Olav Orheim
Norsk Polarinstitutt
Postboks 158
N-1330 Oslo Lufthavn
Norway

Dep. Dir. Paul-Christian
Rieber
CC Rieber & Co A/S
Postboks 990
N-50001 Bergen
Norway

Dr Finn Sollie
Perspektivgruppen for
Nordområdene spörsmål
Ullemveien 38
N-0280 Oslo 2
Norway

Dr J.H. Stel
Netherlands Marine Re-
search Foundation
Laan van NO Indie 131
2593 BM The Hague
the Netherlands

Prof. Jarl Ove Strömberg
Kristinebergs Marinbiolo-
giska Station
PL 2130
S-450 34 Fiskebäckskil
Sweden

Robin Wendelheim
Forskningsrådsnämnden
Box 6710
S-113 85 Stockholm
Sweden

Invited to speak, but could not come

Prof. Wibjörn Karlén
Inst. f. fysisk geografi
Stockholms Universitet
S-106 91 Stockholm
Sweden

Ms Kirsten Sander
Greenpeace
DK-2100 Köpenhamn
Denmark

Further participants

Pia Eliasson

Christian Swalander*

Astrid Swansson

Rapporteur

附录 2

APPENDIX II

Program: Changing trends in Antarctic research

Monday, September 30

09.00 - 10.00   Registration at Humanisten, Univ. of Göteborg

10.00 - 10.15   Opening and introduction
Aant Elzinga

10.15 - 11.00   The role of science in the negotiations of the Antarctic
Treaty - a historical review in the light of recent events
Finn Sollie

Thematic issue   The functional role of science in the ATS 1961-91

11.15 - 12.00   Development of the science/politics interface in the Antarctic
Treaty and the role of scientific advice
Nigel Bonner

12.00 - 12.45   Relevance pressure and the strategic orientation of research
Anders Karlqvist

12.45 - 13.00   General discussion

Thematic issue   Is science in Antarctica facing the prospect of increasing
bureaucratization?

14.30 - 15.15   The place of regulation in relationship to science
Olav Orheim

15.30 - 16.15   The place of science on an environmentally
regulated continent
James Barnes

16.15 - 17.30	General discussion
Reception	(Ågrenska villan)

Tuesday, October 1

Thematic issue	Orientational shifts in Antarctic research agendas - rhetoric or reality?
09.00 - 09.45	Focusing a national research program - the example of Australia *Bruce Davis*
09.45 - 10.30	Environmentally driven research - is it different? *Barry Heywood*
10.45 - 11.30	Geoscience - basic research or potential prospecting? *Kent Larsson*
11.30 - 12.00	General discussion
13.30 - 15.00	Panel and Plenary session *Jarl Ove Strömberg* *Paul-Christian Rieber* *Riita Mansukoski* *Jan H Stel*
15.15 - 16.30	Panel and Plenary session *Jarl Ove Strömberg* *Paul-Christian Rieber* *Riita Mansukoski* *Jan H Stel*

The panel will focus on thematic issues raised in earlier sessions as well as explore some subsidiary topics:
What is the impact of economic, environmental and other pressures on research agendas? - a concern for planners and managers
Polar science - what is behind the words?
Changing demands on logistics
Antarctic science from an European perspective
International research cooperation - prospects and constraints

附录 3

APPENDIX III

Geographical locations of Research Stations in SCAR's area of interest

Argentina
Belgrano II,	77°52'S,	34°37'W
Orcadas,	60°44'S,	44°44'W
Esperanza,	63°24'S,	57°00'W
Marambio,	64°14'S,	56°37'W
San Martin,	68°08'S,	67°06'W
Jubany,	62°14'S,	58°40'W

Australia
Macquarie Island*,	54°30'S,	158°57'E
Mawson,	67°36'S,	62°52'E
Davis,	68°36'S,	77°58'E
Casey,	66°18'S,	110°32'E
Heard Island*,	53°06'S,	73°57'E

Brazil
Com. Ferraz.,	62°05'S,	58°24'W

Chile
Cpt. Arturo Prat,	62°30'S,	59°41'W
Gen B O'Higgins,	63°19'S,	57°54'W
Ten Rod. Marsh,	62°12'S,	58°55'W

France
Dumont d'Urville,	66°40'S,	140°01'E
Alfred-Faure*,	46°26'S,	51°52'E
Martin-de-Vivies*,	37°50'S,	77°34'E
Port-aux-Francais*,	49°21'S,	70°12'E

Germany
G von Neumayer,	70°37'S,	08°22'W

India
Maitri,	70°37'S,	08°22'E

Japan
Syowa,	69°00'S,	39°35'E
Asuka,	71°32'S,	24°08'E

New Zealand
Scott Base,	77°51'S,	166°45'E
Campbell Island*,	52°33'S,	169°09'E

People's Republic of China
Great Wall,	62°13'S,	58°58'W
Zhongshan,	69°22'S,	76°23'E

Poland
Arctowski,	62°09'S,	58°28'W

Republic of Korea
King Sejong,	62°13'S,	58°47'W

Russia
Mirny,	66°33'S,	93°01'E
Novolazarevskaya,	70°46'S,	11°50'E
Molodezhnaya,	67°40'S,	45°51'E
Vostok,	78°28'S,	106°49'E
Bellingshausen,	62°12'S,	58°58'W

South Africa
SANAE,	0°18'S,	02°25'W
Marion Island*,	46°52'S,	37°51'E
Gough Island*,	40°21'S,	09°52'W

United Kingdom
Bird Island*,	54°00'S,	38°03'W
Faraday,	65°15'S,	64°16'W
Halley (V),	75°35'S,	26°15'W
Rothera,	67°34'S,	68°07'W
Signy,	60°43'S,	45°36'W

United States of America
Amundsen-Scott,	90°S	
McMurdo,	77°51'S,	166°40'E
Palmer,	64°46'S	64°03'W

Uruguay
Artigas,	62°11'S,	58°51'W

*Stations north of 60°S

译后记

本书的翻译出版得以顺利完成，首先是同济大学政治与国际关系学院极地与海洋国际问题研究中心参加此翻译项目的团队成员精诚合作的结果。此书作为翻译项目的开展和协调由王传兴老师统一负责。本书承担的翻译工作任务分别如下：

潘敏负责导论部分、正文第二部分以及除正文以外所有其他内容的翻译，并负责全书的统稿工作；

王传兴负责正文第一部分的翻译；

宋黎磊负责正文第三部分的翻译；

唐尧负责正文第四部分和第五部分的翻译；

罗毅、潘敏负责正文第六部分的翻译。

同济大学政治与国际关系学院硕士研究生章安然、胡荣和包永康三位同学为译稿做了大量的事务性和校对的工作，向他们表示感谢！

感谢中国极地研究中心极地政策研究室主任邓贝西博士为本书封面和封底提供他亲自从南极拍摄的照片。

感谢中国极地考察办公室国际司为此书的翻译出版提供资助，没有他们的慷慨支持，此书的翻译出版是难以想象的。

译　者

2022 年 10 月于同济园